hemp
ヘンプ読本
麻でエコ生活のススメ

赤星 栄志

築地書館

はじめに

ヘンプという素材が、生活のあらゆるところで使われはじめているのはご存じだろうか。ヘンプ（Hemp）とは麻の英語名で、アサ科の一年生植物、大麻草《たいまそう》のことである。大麻草というと誤解されがちだが、いわゆる大麻は、法律上、花穂と葉のことで、ヘンプは、種子と茎からできた素材のことをいう。

ヘンプは、スローライフやLOHAS《ロハス》などのキーワードとともに、これからの社会に不可欠なアイテムとしてよく紹介されている。

オーガニックコットンと並んで自然派志向の定番ともなったヘンプの衣服。従来のリネンやラミーのような麻製品にはない、やわらかな肌触りと風合いを好む人が増えている。

また、若者が身につけているネックレス、ブレスレット、携帯電話のストラップなどの紐の材料がヘンプだ。既製品を買うだけでなく、ヘンプの紐さえあれば、自分でいろいろな形に編めるのが魅力的だ。ヘンプアクセサリーは若者だけではなく、手芸・編み物を趣味とする幅広い年代の心を捉え、バッグやポーチなどの小物などに広がりつつある。

ヘンプの種子は、麻の実（あさのみ・おのみ）と呼ばれ、七味唐辛子の一味として食べられてきたが、卵や肉にかわる栄養価の高い食材として見直され、麻の実料理という料理ジャンルが生まれた。飲食店のメニューのひとつとして麻の実料理があったり、麻の実を使ったそば、ビール、お茶、コーヒーなどの加工食品も出てきた。また、種子からとったヘンプオイルは、食用オイル、化粧用オイルの両方に使える。食用は、現代人の食生活で不足しがちな栄養を補い、化粧用は、浸透力と保湿性に優れた美容オイルであり、ヘンプオイルを使ったスキンケア商品や石鹸が注目されている。

衣と食の分野にとどまらず、住の分野にもヘンプ素材が広がっている。断熱材、左官材、壁紙、塗料などの建築資材から蚊帳、布団、シーツ、畳、ランプ、炭などの寝具やインテリアの分野で商品化されている。ヘンプ素材で内装リフォームをした部屋は、湿度が調節されるうえ、なんともいえない落ち着きのある空間となる。

最近、ヘンプは、ヨーロッパやカナダなどの欧米諸国で環境素材として見直され、ベンツやBMWなどの自動車の内装材やCDケースやサーフボードなどのプラスチック分野で使われたり、たばこの巻き紙や非木材紙として名刺やカレンダーなどに使われたりしている。さらに、自動車などの燃料である軽油やガソリンの代替エネルギーとしての可能性も秘めている。

実は、ヘンプという植物は、あらゆる生活用品になるだけでなく、日本の文化と歴史に深い関係がある植物でもあるのだ。ヘンプは古来より「麻」または「大麻草」と呼ばれ、霊力のあるものとして崇められ、神社や神事に使われてきた。また、弓、花火、凧揚げ、お盆、麻の葉模様、大相撲、書道、結納、たいまつなど日本の伝統文化を支える重要な素材のひとつであり、各地に麻の文化財がたくさん存在する。

なぜ、ここへきてヘンプという植物が注目されだしたのだろうか?

ヘンプは地球上のあらゆるところで栽培可能で、3カ月で3メートルになる生産性の高さと、さまざまな製品に活用できる応用性から、植物資源の代表選手なのだ。持続可能な社会の実現のため、石油から植物へという大きな時代の変革の流れにあった素材だからではないだろうか。

さらに、ヘンプが魅力的にみえるのは、国際条約や大麻取締法の規制の影響によって、今までは利用する必要のない植物という烙印が押されてきたというユニークな歴史をもつからだ。

本書では、ヘンプという植物をまったく知らない人のために、文化、衣料、食品、化粧品、癒し、住宅建材、紙、プラスチック、エネルギー、医薬品、法律という分野別にその特徴を解説し、使い方を紹介している。興味のある章どこからでもお読みいただけるようになっている。各章を読むことによって、万能植物ヘンプの多様性と可能性を知ることができる。

さらに、地域活性化のテーマ、研究のテーマ、新しいビジネスを探している方にも役立つよう、現在わかっているデータはなるべく掲載した。

本書の巻末には、さらにくわしく知りたい人のために、参考文献やヘンプ商品を販売しているメーカーやお店を多数紹介している。本書をきっかけに、多くの人が暮らしにヘンプをとり入れていただければ幸いだ。

なお、本書では、「ヘンプ（Hemp）」の日本名を「大麻草」で統一している。また、本書で登場する「麻」はすべてヘンプのことであり、亜麻《あま》や苧麻《ちょま》のことではない。

目次

3 日本文化と麻

4 ヘンプを着る

5 麻の実を食べる

8 ヘンプハウスに住みたい

9 ヘンプ紙で森を守る

10 ヘンプでプラスチックをつくる試み

1 ヘンプの基礎知識

縄文時代から使われてきたヘンプ

ヘンプ（Hemp）とは、中央アジア原産で世界各地に分布するアサ科の一年草である。学名*Cannabis Sativa L.*（カンナビス・サティバ・エル）、日本名で「大麻草《たいまそう》」、または大麻（おおあさ、たいま）と呼ばれる植物のことである。世界で20数種類もある麻の一種として知られている。

日本では、麻というと、古くから「大麻草」のことを指すが、広い意味で大麻草に類似した繊維作物の総称としても使われている。

同じ「麻」という文字を使う植物には、アマ科の亜麻《あま》、イラクサ科の苧麻《ちょま》、シナノキ科の黄麻《こうま》（ジュート麻）、アオイ科の洋麻《ようま》（ケナフ）、バショウ科のマニラ麻、ヒガンバナ科のサイザル麻などがあるが、それぞれの「科」が異なり、植物学的にはまったく別のものである。

日本では、福井県にある縄文時代の鳥浜遺跡（約1万年前）から大麻草の種子と繊維が出土しており、この時期に渡来してきたものと考えられている。

大麻草は、三草（麻、藍、木綿または紅花）四木（桑、茶、楮《こうぞ》、漆）の中のひとつとして、とくに江戸時代から昭和初期までは重要な栽培作物と位置づけられていた。繊維をとって紐や縄にし、織って衣服や袋をつくり、残った茎＝オガラは茅葺屋根の材料に、繊維くずは土壁や漆喰《しっくい》の材料に、燃やした灰は携帯用カイロ灰に、葉は肥料、根や花穂は薬にと、すべてむだなく、生活のいたるところで使われてきたのである。

１９５０年代後半に日本人の生活様式が西洋化し、和服には欠かせない下駄の鼻緒や畳の縦糸の需要が激減した。当時の麻の需要の8割が下駄の鼻緒と畳の縦糸であったが、麻の生産農家は次々とたばこなどのほかの作物に転換し、大麻取締法による1年ごとの免許更新の手間もあって、第二次世界大戦後はずっと減り続けている。今日では、神社の鈴縄《すずなわ》、注連縄《しめなわ》、弓道の弓弦、古典芸能の楽器、横綱の化粧回し、花火の助燃剤などのごく限られた用途にしか使われていない。

ヘンプの品種は大きく分けて3つ

ヘンプには、薬用型、中間型、繊維型の3つの生理的な違いによる品種がある。この違いは、THC（デルタ9テトラヒドロカンナビノール）とCBD（カンナビジオール）の2つの化合物の割合で決定される。THCはマリファナ効果のある化合物である。

薬用型は、THCが2～6パーセント含まれ、CBDがあまりない。中間型は、THCとCBDが同じぐらい含まれるが、作用としては、THCに支配される。繊維型は、CBDがTHCよりも多く含まれ、THC含有量が0・25パーセント未満の品種である。

CBDには、THCの向精神作用を打ち消す働きがあるため、繊維型を煙にして吸いこんでもいわゆる「ハイ」な気分にはまったくならない。

ヨーロッパ、カナダやオーストラリアなどでは、THC0・3パーセント未満の品種を産業用ヘンプ（Industrial Hemp）と呼

ヘンプの品種

品種	成分式	含有量
薬用型	THC＞CBD	THC含有量が２～６％と高く、CBD含有量が少ない
中間型	THC＝CBD	同じぐらいの含有量だが、THCの作用が支配する
繊維型	THC＜CBD	THC含有量が0.25％未満

※THC含有量の測定は、ヘンプの開花直後の花穂と葉を基準としている
出典：『大麻の文化と科学』より

び、この品種のみが商業栽培されている。

ヘンプは、学名でカンナビス・サティバ・エル（*Cannabis Sativa L.*）と名づけられているが、これは、植物分類学の父といわれるスウェーデンのウプサラ大学のリンネという博学者が、１７５３年に『植物の種』を発刊したことに由来する。

植物学名上の分類では、茎の形態の違いによって、カンナビス・サティバ・エル（*Cannabis Sativa L.*）、カンナビス・サティバ・インディカ（*Cannabis Sativa Indica*）、カンナビス・サティバ・ルーディラス（*Cannabis Sativa Ruderalis*）に大別されていた。ただし、現在の植物の学名は、生物分類学上、遺伝子によって分類されているので参考程度となっている。ヘンプの話の中では、よく〝カンナビス〟という言葉が出てくるので知っておいても損はしない。

帆布、テント生地、絵画用画布などに用いるキャンバス（*canvas*）といえば、今日では、綿または亜麻などの繊維で織ったキメの粗《あら》い布地を指しているが、この語は、もともとヘンプを指すラテン語カンナビス（cannavis）から生まれたもので、当時はヘンプ繊維で織ったキメの粗い布地のことだった。

いろんな麻とヘンプとの違い

日本にもともと生えていた麻は苧麻で、大麻草は大陸から入ってきたものとされている。九州大学薬学部生薬学教室の西岡五夫名誉教授は、世界中の大麻草の成分分析をした結果、日本に入ってきた大麻草は繊維型だったと結論づけている。大正年間に品種改良の目的で導入された大麻草がTHCを含んでいたため、遺伝的に優勢であるTHC含有の大麻草に変わったのである。

家庭用品品質表示法で「麻」と表示することが認められているのは、亜麻（リネン）と苧麻（ラミー）の2種類だけである。これらは、衣服やシーツとして身

主な麻の種類と用途

	大麻草	亜麻	苧麻	ジュート麻	マニラ麻	サイザル麻	ケナフ
呼　名	たいまそう	あま	ちょま				
別　名	Hemp ヘンプ	Flax フラックス リネン	Ramie ラミー からむし	Jute 黄麻（こうま）	Abaca アバカ	Sisal hemp	Kenaf 洋麻
分　類	アサ科 一年草	アマ科 一年草	イラクサ科 多年草	シナノキ科 一年草	バショウ科 多年草	ヒガンバナ科 多年草	アオイ科 一年草
世界の主な生産国	中国 フランス ルーマニア	中国北部 フランス ベラルーシ	中国南部 ブラジル フィリピン	インド バングラデシュ 中国	フィリピン エクアドル コスタリカ	ブラジル 中国 メキシコ	インド
日本の産地	栃木 長野	北海道	本州各地 福島	熊本 大分	なし	なし	なし
主な用途	下駄の鼻緒、蚊帳、衣料、混紡地、畳の縦糸	服、帆布、魚網、ホース、芯地	服、寝装具、資材、魚網、芯地	麻袋、括糸、導火線、ヘシアンクロス、カーペット	ロープ、魚網、インテリアマット、機能紙	ロープ、敷物、マニラ麻の代用	麻袋、網、製紙原料

出典：トスコの資料より

近な麻生地である。これら麻製品には、「麻マーク」の表示をつけることができるが、ヘンプは、指定外繊維として扱われ、麻マークをつけることが認められていない。

ちなみに、多くの人が「私は麻の服が大好きなんです」というときの麻は、亜麻や苧麻のことで、ヘンプではない。

日本では亜麻は、明治時代にロープや軍服の用途のために、北海道で屯田兵が栽培していたことがある。一方、苧麻は、別名「からむし」と呼ばれ、福島県昭和村のからむし織り、トライアスロンで有名になった宮古島の宮古上布として知られている。

教科書で習ったジュート麻とサイザル麻

何の用途に使われているのかよくわからないままに、中学校のときに覚えてしまった麻の仲間たち。ジュート麻は、麻袋、カーペット基布、梱包や鋼管巻きのヘシアンクロス（包装用布）に使用され、サイザル麻はロープに使用される。ど

麻マーク
ヘンプにはこのマークをつけることができない
表示実施機関：日本麻紡績協会
所轄官庁：経済産業省

亜麻
（Flax、フラックス、リネン）

苧麻
（Ramie、ラミー、からむし）

ちらも剛粗なため衣服用には向いていない。ジュート麻とよく似た同じシナノキ科の仲間に野菜の王様「モロヘイヤ」がある。これは、若葉に甘味があって栄養抜群なものである。

1万円札はマニラ麻でできている

マニラ麻は、バナナと同じ仲間である。植物学的には、バナナもマニラ麻もバショウ科バショウ属だ。耐久性、保存性にすぐれ、比較的低コストで生産できることから、現在の日本のお札はマニラ麻製である。ちなみにドル紙幣は亜麻と木綿、ロシアのルーブル紙幣はヘンプが使われている。

そのほかの用途として、マニラ麻は、ロープや空気清浄機のエアフィルター用紙、電気掃除機の集塵バッグなどにも利用されている。最近、麻類の中でも注目度・利用度が徐々に高まっている植物である。

マニラ麻
（Abaca、アバカ）

サイザル麻
（Sisal hemp）

ジュート麻
（Jute、黄麻）

ケナフとヘンプは何が違うのか？

ケナフとヘンプは、成長速度、背丈、葉や茎の姿がよく似ている。逆に違う点をあげてみると、まず、ケナフはアオイ科ハイビスカス属だから花がきれいだが、ヘンプは稲のような花びらのない花が咲くこと。ヘンプの種子は麻の実として食べられるが、ケナフは通常は食べないことだ。

また、ケナフは、環境問題の救世主として登場し、最近導入された外来種だが、ヘンプは、縄文時代から日本で栽培されてきた歴史と伝統のある植物で、日本には、ケナフ農家は一軒もないけれど、ヘンプ農家は現存する。

ケナフは誰でも自由に栽培できるが、ヘンプはマリファナの原料となるため、栽培免許が必要だという違いもある。ほかには、ケナフは主に熱帯性の植物であり、ヘンプは熱帯、温帯、冷帯と気

ケナフ（Kenaf、洋麻）
外見はヘンプに似ているが、夏にきれいな花が咲く

候条件の幅が広い点もあげられる。

法律上の位置づけ

麻薬に関する国際条約では、大麻草はどのように位置づけられているのだろうか。

23ページの表の①と②は、いずれも、麻薬、向精神薬の用途を医療用及び学術研究用のものに制限し、そのための輸出入、製造、流通などの規制を行なうことを内容としている。③の麻薬新条約では、2つの条約に規定されていない事項で、薬物犯罪取締りに関する国際協力の強化やさまざまな麻薬原料になりうる化学物質の規制などが定められている。

1964年に日本も批准した単一条約の中で大麻草に関する規定条約文は次のようになっている。

ヘンプ（Hemp、大麻草）

大麻の定義
第1条（b）「大麻」とは、名称のいかんを問わず、大麻植物の花又は果実のついた枝端で樹脂が抽出されていないもの（枝端から離れた種子及び葉を除く。）
（c）「大麻植物」とは、カンナビス属の植物をいう。
（d）「大麻樹脂」とは、粗のものであると精製したものであるを問わず、大麻植物から得た樹脂で分離されているものをいう。
大麻草栽培の統制
第28条2　この条約は、もっぱら産業上の目的（繊維及び種子に関する場合に限る）又は園芸上の目的のための大麻植物の栽培には、適応しない。

この条文をみると、産業目的と園芸目的での栽培は、条約対象外、つまり規制対象外となっている。歴史的に人々の生活を支えてきた植物の有用性が条約に反映されていると解釈できる。一方で、日本の大麻取締法は、以下に示す麻薬5法のひとつとして位置づけられている。

・麻薬及び向精神薬取締法
・大麻取締法

・あへん法
・覚せい剤取締法
・国際的な協力の下に規制薬物に係る不正行為を助長する行為等の防止を図るための麻薬及び向精神薬取締法等の特例等に関する法律

日本では、大麻吸煙、吸食の風習はなく、衣料の原料や医療品として古くから使われていた。大麻草の法規制がはじめて実施されたのが１９３０年の「麻薬取締規則」だ。この規則は、１９２５年、第二アヘン条約の発効にともない制定されたもので、印度大麻草（カンナビス・サティバ・インディカ）とその樹脂などの規制について定めていた。日本で栽培されていたのは繊維用の大麻草（カンナビス・サティバ・エル）であったため、その法律によって麻農家が規制されることはまったくなかった。

終戦直後の１９４５年10月12日に連合国軍総司令部（ＧＨＱ）は、日本政府に麻薬に関する覚書を発し、「ポ

麻薬に関係する国際条約

条約名	国連の採択	日本の批准	対象物
①麻薬に関する単一条約（単一条約）	1961年	1964年	麻薬、あへん、大麻
②向精神薬に関する条約（向精神薬条約）	1971年	1990年	幻覚剤、鎮痛剤、覚せい剤、睡眠薬、精神安定剤
③麻薬及び向精神薬の不正取引の防止に関する国際連合条約（麻薬新条約）	1988年	1992年	①②以外の麻薬原料となる化学物質

ツダム省令」にて同年11月24日付省令の「麻薬原料植物の栽培、麻薬の製造、輸入及び輸出等禁止に関する件」によって、大麻草を麻薬原料植物と定義したうえで、その栽培、製造、販売、輸出入を全面的に禁止した。

当時、日本では、繊維原料としてはもちろん、魚網や下駄の鼻緒などの需要は多く、大麻草の栽培は不可欠なものだった。当時の農林省は、「大麻草は日本の主要作物である」といって、再三の交渉の結果、この禁令は解除され、1947年4月に「大麻取締規則」厚生・農林省令第1号が制定された。

翌1948年7月、前述のポツダム省令を集大成して「(旧)麻薬取締法」「大麻取締法」が制定された。この法律によって、大麻草の栽培は、都道府県知事の免許が必要になった。

大麻取締法

第1条〔大麻の定義〕

この法律で「大麻」とは、大麻草(カンナビス・サティバ・エル)及びその製品をいう。ただし、大麻草の成熟した茎及びその製品(樹脂を除く。)並びに大麻草の種子及びその製品を除く。

国際条約と同様に「茎」と「種子」の産業用の利用は、法律違反でも何でもない。多くの人が大麻草はすべて禁止されていると誤解しているが、もしすべて禁止されていたら、七味唐辛子は六味唐辛子になり、ヘンプ製の服をオシャレに着こなすこともできなくなる。

第二次世界大戦後の1948年に、GHQの占領下で制定された大麻取締法で規制されているのは、マリファナ効果のある成分を含む花穂と葉であり、これを法律では「大麻」と呼び、植物の大麻草と区別している。

時々、新聞をにぎわせている大麻事件は、花穂や葉を所持していたり、許可なく栽培している場合である。大麻草の茎や種子を持っていても、衣服を着ていても、麻の実を食べても規制対象外なのである。

ただし、葉と花穂を含むので、植物全体としての

日本の大麻取締法上の大麻草の位置づけ

	合法（法規制外部位）	違法（法規制部位）
大麻草	成熟した茎と種子	大麻＝花穂と葉
大麻草からできる製品	伝統工芸利用 麻織物、神事用、民芸品、花火、弓弦、結納品など	嗜好品 ソフトドラッグとして マリファナ、ハッシッシなど
	産業利用 衣服、雑貨、紙、食品、建材、化粧品、燃料など	医療利用 鎮痛剤、制吐薬、緑内障薬、神経性難病薬など

※大麻草の栽培は、都道府県知事の許可を得なければならない
出典：大麻取締法より作成

大麻草の栽培は、都道府県知事の許可制となっている。麻農家が収穫して大麻草を持ちだす場合は、葉や花穂を畑の中できれいに落とし、種子と茎の状態にしなければならない。

海外では栽培が次々に解禁

一方、ヨーロッパやカナダなどでは、日本のように植物の部位で規制しているのではなく、THCの含有量＝品種で規制している。ヨーロッパは0・2パーセント未満、カナダは0・3パーセント未満の繊維用の品種であれば、行政当局に届けでるだけで栽培できる。しかも、繊維用の品種であればマリファナ効果がまったくないので、葉っぱはハーブティーに混ぜる茶葉として商品化され、花穂は精油をとって甘い柑橘系の香りが特徴の香水として商品化されている。

産業用ヘンプ栽培は、1990年代に入り、アメリカ及び日本以外の主要先進国で解禁となった。EU全農地の14パーセントも占める遊休地を活用するにあたり、利用価値が高いと見直された作物＝ヘンプに熱い視線が注がれたのである。

しかし、利用価値が高いと見直されるまでの過程は、決して平坦なものではなく、ヘンプ農業復活のために先駆的に取り組んだ人々は、「大麻草を植えて、マリファナを吸いたいのだろう」という、行政や一般市民の偏見を解くことに大きなエネルギーを費やしている。

なぜヘンプは規制されたのか？

世界中でヘンプ栽培が規制されたきっかけは、アメリカのマリファナ課税法（1937年）である。アメリカの規制の背景には、薬物乱用の科学的根拠がまったくないままに、マリフ

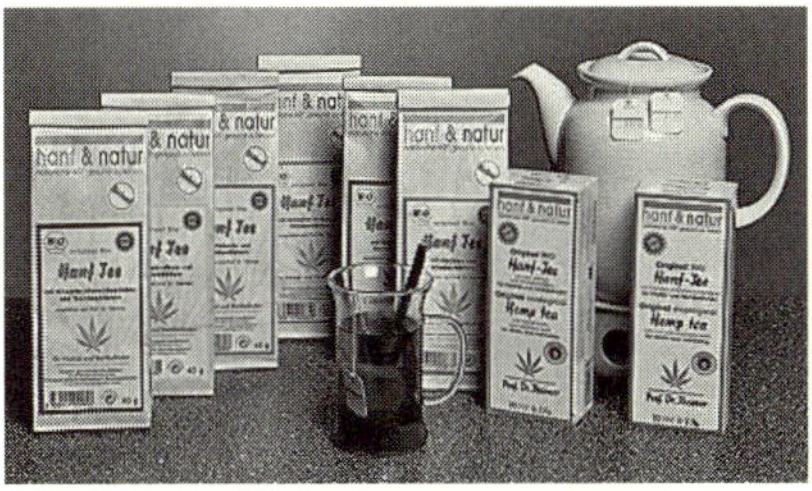

ヘンプ・ハーブティー商品
海外では葉や花穂を使ったお茶が販売されているが、日本では違法になる

ヘンプ栽培国の状況

ヘンプ栽培解禁国	
1993年	イギリス
1994年	オランダ
1996年	ドイツ、オーストリア
1998年	カナダ
2002年	オーストラリア、ニュージーランド
第二次世界大戦後の栽培国	
社会主義国	中国、ロシア、ハンガリー、ルーマニア、北朝鮮など
資本主義国	フランス、韓国
規制国	
許可制	日本
栽培禁止	アメリカ

出典：『ヘンプがわかる55の質問』より

ァナとからめた黒人や少数民族への人種差別、1933年に廃止された禁酒法管理を任されていた役人の失業対策、石油化学産業との競合などがあり、政治的、経済的な理由が大きい。

UCLA(カルフォルニア大学ロサンゼルス校)の長期研究プロジェクトの研究員であったジャック・ヘラーは、『裸の王様』という著書の中で、さまざまな文献をあげながら次のように述べている。

「大麻禁止は、一言でいうと石油産業の謀略です。1930年代に起こってきた石油化学産業にとって、大麻は、目の上のたんこぶとなった。なぜなら、大麻が石油と同等、あるいはもっと様々な製品を作り出すことができるからです」

歴史に「もし」はないが、このとき「石油」ではなく「植物繊維」のヘンプを選択していたら、今日の地球環境問題はこれほど深刻な状況にならなかったかもしれない。

一方、日本で1948年に大麻取締法ができたのには、次の3つの説があるが、真相は謎のままである。

①占領米軍の黒人兵などの大麻吸飲を防ぐことにあった?

占領米軍の指示で、大麻草栽培の制限をする法律がつくられた。しかし、もっとも肝心な大麻吸飲の有害性の科学的検討も議論もされなかった。当時の厚生省の担当者も「わが国の大麻は、従来から国際的に麻薬植物扱いされてきた印度大麻とは毒性が違う」といって、取締法の必要性にやや疑問を抱いていたものの、占領中のことであり、そうした疑問や反対は通らなかったものと考えられる。

②宗教と国家の分離のため？

占領米軍は、「軍国主義・超国家主義」を排除するための手段のひとつとして、宗教と国家の分離を目的とした「神道指令」を公布した。神道で、古くから神聖な植物として重要な役割があった大麻草を禁止することで、神道弾圧を狙ったものと考えられる。また、当時「現人神」として崇められていた天皇は、大麻草と歴史的、儀式的に深いつながりがあり、その関係を断ち切ることによって、日本人の価値観を変えることを意図したと考えられる。

③アメリカ国内の大麻禁止政策を押しつけただけ？

戦後、敗戦国の日本、ドイツ、イタリアだけでなく、アメリカの軍事的、経済的な影響下にある西側諸国のすべての国で大麻草栽培が禁止されたが、これは西側世界に対するアメリカの影響力を誇示する戦略のひとつと考えられる。

大麻の「麻」と麻薬の「麻」

麻という字は广に林であるが、林は「ハヤシ、リン」の意味ではなく、アサの茎から右に左にと、皮をはぎとっている姿を2つ並べて書いたものである。刈りとった麻を水にさらしてもみほぐし、こすって繊維をとりだすのであるが、おそらく小屋の片隅で作業したところから小屋を意味する广をつけたとされる。同系語の「摩」「磨」などもこする、もむなどから派生した文字である。

よく混同されるが、大麻の「麻」の字と麻薬の「麻」の字は本来別の文字である。「麻」は古来から植物の「アサ」を意味する。他方、戦前までは麻薬は「痲薬」と書いていた。「痲」は痺れる、麻痺（この語も旧来は「痲痺」）する、という意味で、植物の「麻」とは似て非なる文字である。

戦後、1949（昭和24）年に定められた「当用漢字表」に「痲」の字が含まれなかったため、字形のよく似ている「麻」の字があてられたのである。また、麻酔の「麻」も、大麻に麻酔成分が含まれていて、摂取すれば麻酔状態になるからだとする従来の説は誤りである。これももともとは、「痲酔」という文字が使われていたのである。ちなみに痲酔薬からヒントを得た痲薬という単語が日本ではじめて登場するのは、第二アヘン条約締結後の1930年にできた麻薬取締規則である。

それから、大麻に「大」という文字がついているのは、胡麻《ごま》と区別するためである。古代中国で、胡麻は大宛国《だいえんこく》（中国の西方中央アジアの古代国家）すなわち胡（西方諸外国の総称）

から、油のとれる麻の種子を手に入れ栽培するようになり、中国在来の麻と区別するために胡から来た麻（胡麻）と名づけた。そして、大きく成長する在来の麻を大麻としたのである。

ヘンプが注目されている理由

①エコロジー＆オーガニック

ヘンプは成長が早く、４月に種をまくと１００日後の７月には繊維が収穫でき、雑草より早く大きくなるので、除草剤を使う必要がない。またもともと、害虫を寄せつけない性質があり、殺虫剤も必要ない。

成長が早い植物は、土壌養分を吸い上げ、土地を瘦せさせるが、ヘンプは、全体の量の３割は葉と枝で、収穫したあとに畑に戻るので土地が瘦せるのを防ぐ。また、ヘンプの細い根がくまなく土壌中に張りめぐらされ、収穫後はふかふかな土になる。昔から瘦せた土地にまずヘンプを植えて、それからソバや大根やトウモロコシを植えた。連作障害も少なく、輪作に適した作物であった。

ヘンプからできるさまざまなエコ製品

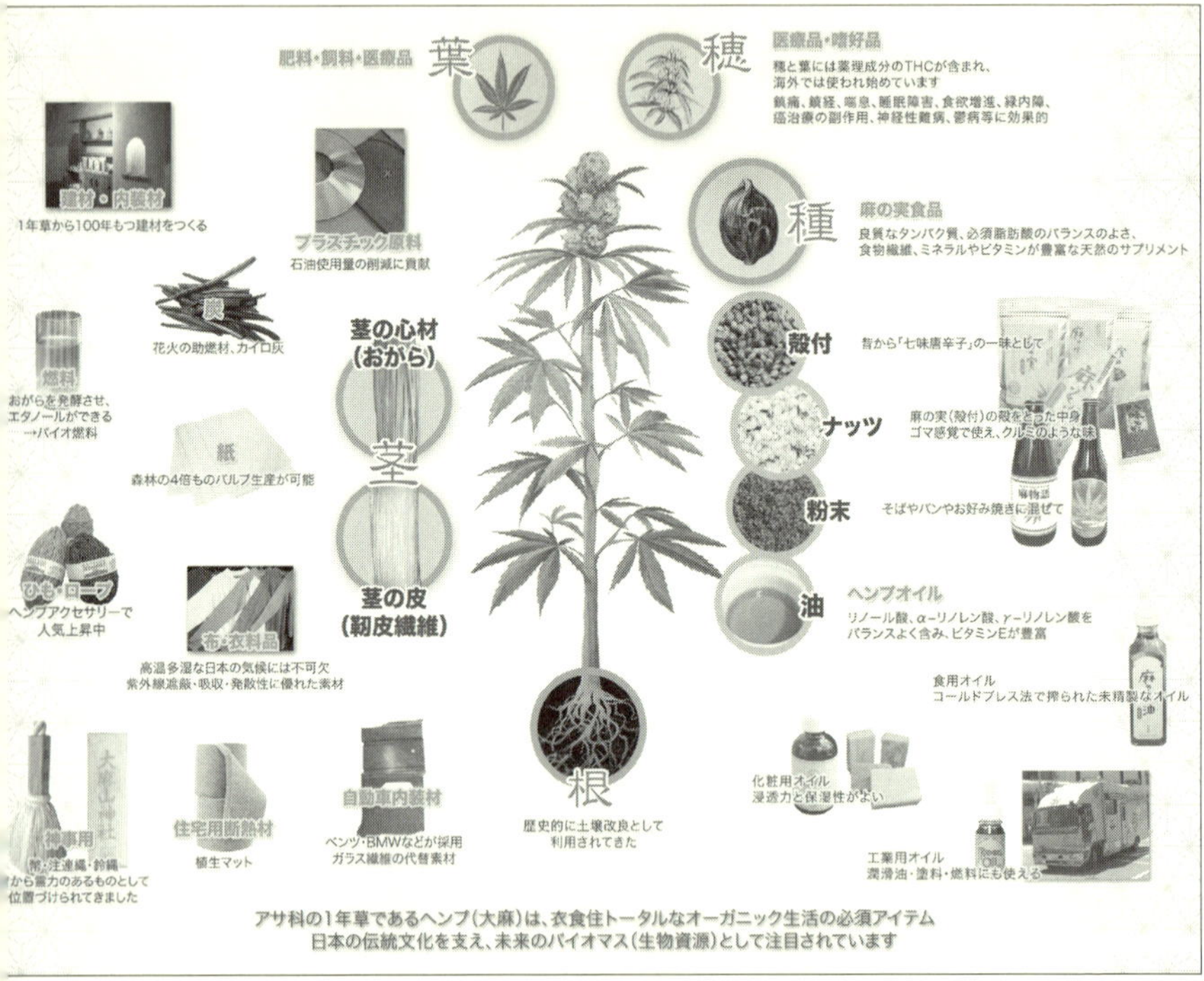

出典：NPO法人ヘンプ製品普及協会が製作した垂れ幕より

②2万5000種類の生活用品・工業製品になる

ヘンプは、茎からとれる繊維部と木質部、種子（麻の実）の3つの原料を出発点として、さまざまな加工工程を経て、ありとあらゆる製品をつくることができる。衣料、食品、化粧品、紙、建材、複合素材、燃料、潤滑油、肥料、飼料、敷き藁など石油資源と木材資源の代替品ができ、生活習慣病を予防するための食品や化粧品ができる。葉や花穂も利用できれば、医薬品、抗菌剤、天然農薬、ハーブ茶、香料もつくれる。

③日本の風土・歴史・文化に根ざしている

川崎市麻生区、東京の麻布、長野県麻績《おみ》村など、全国に麻のつく地名はたくさんあり、人名にも麻美、麻衣などと使われている。麻は成長が早くてまっすぐに伸びることから、素直で丈夫で、すくすくと育ってほしいという親の願いが名前にこめられている。

高温多湿な日本では、衣類はヘンプが適しているし、麻繊維には邪気を祓う力があるので、神社では御幣《ごへい》、注連縄、鈴縄に麻繊維を使っている。

④マリファナ＝大麻＝麻薬は日本の常識、世界の非常識

大麻草の花穂に含まれる薬理成分に酩酊作用・幻覚作用があり、危険な麻薬という扱いを受けてきたが、大麻の薬理作用について中立的に書かれた『マリファナの科学』を読むかぎりでは、従来考えられてきたよりも有害性は低く、たばこやアルコールのほうが有害性は高い。

日本では、社会制度と人々の認識と科学的事実のギャップは、当面埋まりそうもない。しかし、海外に目を向けると、スウェーデンを除くEU諸国、カナダ、オーストラリアの一部の州で大麻を所持していても少量ならば犯罪にならない。大麻に対してもっとも厳しい政策をとっているアメリカでも、12州は州法でお咎めがないことが定められている。

2005年6月に、ハーバード大学経済学部客員教授のジェフリー・マイロンは、アメリカでマリファナの禁止政策が撤廃された場合の試算を次のように報告し、大きな反響を呼んでいる。

・取締りに不要となる支出：約77億ドル（約8900億円）の節約
・マリファナを一般商品と同じに課税した場合：24億ドル（約2800億円）の税収増
・マリファナをたばこや酒類と同じに課税した場合：62億ドル（約7100億円）の税収増

地球環境問題とヘンプ

地球温暖化の主な原因は、二酸化炭素だが、根本的な原因は化石燃料の使いすぎにある。太古の昔から地下に眠っていたものを地上で消費して、最終的に有害・無害な物質を大気中に撒き散らすのが化石燃料である。もともとは、シダ植物などの植物由来だが、石油ができるまでに気の遠くなる時間を必要とするので植物資源とはいわない。

今の私たちが使いやすい素材&エネルギー源の代表格である石油。それが人間の使いやすい形で生成されるのに2億年の時間を費やしている。その生成時間が石油価格にはまったく反映されていない。現代社会では、2億年経過してできた石油を精製して、加工して、製品にして、一瞬のうちに使ってしまうため、まったく持続可能ではないといえる。

身近な例でいえば、100円で売っているプラスチック容器などは、生成時間：1年＝1円とした「環境時間税」を設定すると2億円もする。そんな貴重な石油製品が100円で買えてしまう。この環境時間

資源が生成する時間の比較

石油（原油）	200,000,000年（2億年）
樹木	7〜60年
草	0.5年（半年）

出典：ドイツ・ヘンプ産業視察ツアーレポートより

税の考え方を導入すると、木や竹の容器、コップ類がたとえ1000円であっても環境的には超低コスト製品である。

環境省が導入しようとしている環境税（炭素税）は、炭素1トンで2400円と提案しているが、環境時間税の視点でみると、本質的な問題から目をそらしているようにしかみえない。

今まで、石油が使いやすかったのは、エネルギー密度が高く（即時反応性）、液体で持ち運びやすい（可搬性）からである。これを木や草で代替するとなると、木や草からアルコール（エタノールなど）をつくって、それをバイオ燃料として使ってもよいし、技術が進めば、そこから水素をとりだし、燃料電池（水素と酸素を反応させて電気エネルギーを生みだす電池）に使うモデルなどが考えられる。

最近では、この木や草のことをバイオマス（生物資源）と呼び、2002年に日本政府で閣議決定されたバイオマス・ニッポン総合戦略により、太陽、風とならんで、自然エネルギーのひとつとして注目されている。現在推進されているバイオマスのエネルギー利用は、廃棄される紙、家畜排泄物、食品廃棄物、建築発生木材、製材工場の廃材などの廃棄物を有効利用する手段である。しかし、エネルギー利用の前に、付加価値の高い素材として使うほうが有効だ。

ヘンプは、さまざまな植物の中でも、衣服、食品、建材、化粧品、肥料、飼料、塗料、紙、プラスチック、医薬品、燃料などのさまざまな製品をつくりだすことができ、付加価値の高い素材利用ができるのが大きな特徴である。

石油は、中東地域に8割近くの資源があり、いずれ枯渇するものであるが、ヘンプは、砂漠、氷雪原、ツンドラの気候の地域をのぞけば世界中どこでも生育でき、毎年一定量が収穫できる持続可能な資源である。

また、農薬や化学肥料に頼らずに栽培でき、麦やトウモロコシの輪作体系の中で栽培されるため、モノカルチャー（大規模単一栽培）による環境負荷の増大という問題もない。

ヘンプという植物は、地域で生産された作物を地域で加工し、消費し、廃棄するときには土に戻すという自給経済圏の確立のための資源であり、木と草の循環型社会をつくるための強力な手段のひとつになる。

2 ヘンプとはどんな植物か

ヘンプは、アサ科の一年生の草木で、茎は縦に浅い凹溝があり、直径は8～15ミリ、草丈は緯度や品種によって異なるが2～4メートル、葉は掌状で5～11裂になる。多くは雌雄異株であるが、中には雌雄同株の品種もある。雌雄異株の場合、雄花は5個のガクとオシベをもち、開花が終わると雄株はまもなく枯死する。雌花は枝の先端部にあり、花弁がなく1個のガクと2本の花柱をもち、柱頭をガクの外に出して受粉し、種子をつくる。種子は、短卵形で灰緑色または褐色の紋様がある。1粒の長さ4～5ミリ、幅3～4ミリ、厚さ2・5～3・5ミリ、種子1リットルの重さは約560グラムで、約2万2000粒ある。

繊維用の品種の種類

ヘンプは、自花受粉よりも他花受粉が優勢に働き、自然交雑が行なわれるため、純系を保持するには、個体の集合群での管理が必要となる。

ＴＨＣが０・３パーセント未満の産業用ヘンプ（Industrial Hemp）と呼ばれる品種は、各国で開発されている。一例として、２００５年度のカナダ保健省が許可している品種一覧は、次ページの表の通りである。

日本では、１９７０年代にヒッピー・ムーブメントを受けて、マリファナの喫煙が広がり、生産県である栃木県では大麻盗難事件が多発していた。この事態を受けて、九州大学薬学部の西岡五夫名誉教授が、大分県で発見したＴＨＣがまったく入っていな

3カ月で3mに伸びた麻畑

カナダの栽培認可品種一覧（2005年）

品　種　名	原産国	平均THC量	性タイプ	タイプ
Anka	カナダ	＜0.05	雌雄同株	両用
Alyssa	カナダ	0.061	雌雄同株	両用
Carmagnola	イタリア	—	雌雄異株	—
Carmen	カナダ	0.068	雌雄異株	繊維用
Crag	カナダ	0.048	雌雄同株	両用
C S	イタリア	—	雌雄異株	—
Deni	カナダ	—	雌雄異株	繊維用
Fasamo	ドイツ	＜0.05	雌雄同株	種子用
Fedrina 74	フランス	—	雌雄同株	繊維用
Felina 34	フランス	0.08	雌雄同株	両用
Ferimon	フランス	—	雌雄同株	両用
Fibranova	イタリア	—	雌雄異株	—
Fibriko	ハンガリー	—	雌雄異株	繊維用
Fibrimon 24	フランス	—	雌雄同株	両用
Fibrimon 56	フランス	—	雌雄同株	両用
Finola	フィンランド	0.108	雌雄同株	種子用
Futura	フランス	—	雌雄異株	繊維用
Kompolti	ハンガリー	0.07	雌雄異株	繊維用
Kompolti Hibrid Tc	ハンガリー	—	雌雄同株	両用
Kompolti Sargaszaru	ハンガリー	—	雌雄同株	両用
Lovrin 110	ルーマニア	—	雌雄異株	繊維用
Uniko B	ハンガリー	0.08	雌雄異株	繊維用
USO 14	ウクライナ	0.042	雌雄同株	種子用
USO 31	ウクライナ	0.039	雌雄同株	種子用
Zolotonosha 11	ウクライナ	＜0.05	雌雄同株	両用
Zolotonosha 15	ウクライナ	—	雌雄同株	両用

※平均THC量のデータがないのはカナダでの栽培の実績がないため
出典：カナダ保健省の資料より

いCBDA種と在来種を掛け合わせて、繊維の品質維持のために新品種を開発した。それは1981年に「とちぎしろ」という名前で登録され、今では無毒大麻として認知されたため、盗難事件はなくなった。栃木県農業試験場が原種を管理し、毎年、栽培農家に配布して、低THC と繊維品質の維持に努めている。

日本の品種は、雌雄異株のため、種子用の畑と繊維用の畑に分けて栽培している。一方、海外では繊維と種子を両方収穫できるメリットのある雌雄同株の品種を栽培することが多い。

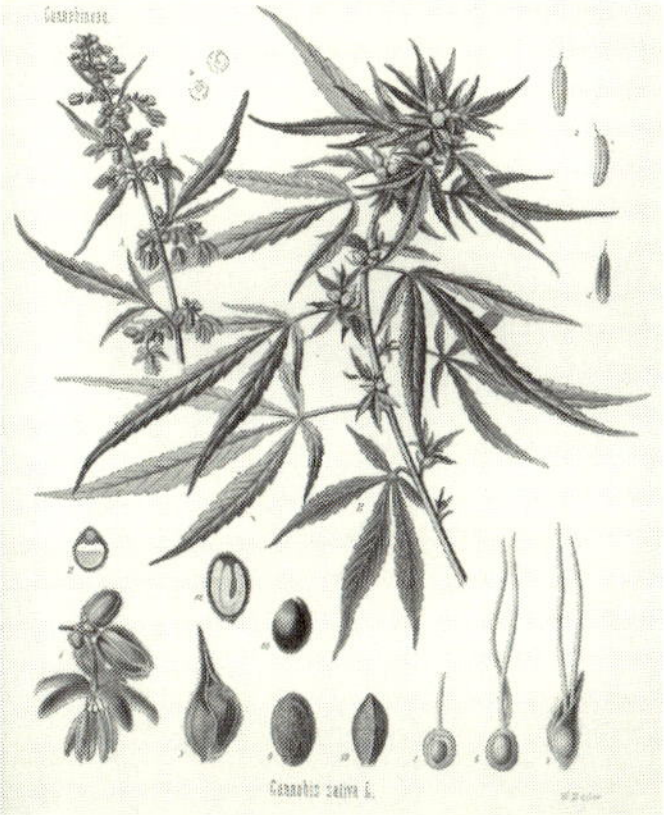

雄株（左上）と雌株（右上）
下は、左から順番に雄しべ、苞葉に包まれた種子、種子（正面）、種子（側面）、右から3つは雌しべと柱頭
出典：Scientific drawing of Cannabis sativa, circa 1900

気候と土壌条件

ヘンプは、冷帯、温帯、熱帯と幅広い気候条件に適応する。日本で高品質の繊維を収穫するには、収穫時期の7月下旬に晴天が続き、背丈が高くて茎が折れやすいので風あたりの少ない場所が適している。また、痩せた土地から肥沃な土地までどこでも栽培可能である。

高品質の繊維の生産を目的とする場合は、排水のよい砂礫の土壌の土地が適しており、粘土質の土壌では排水が不良で生育が振るわず、砂土では干害を受けやすく、ともに不適である。

栽培方法

整地

ヘンプは深根作物で、表土が浅いところでは十分な生育が期待できない。よって、前作物を収穫した跡地をプラウ（トラクターの後ろにつけて牽引し、土を上下に反転する機械）で深耕し、播種前にハロー（砕土機）をかけて土塊を細かく砕く。

カナダ・オンタリオ州のヘンプ栽培データ

●播種時

採取の目的	肥料（kg/ha）	発芽温度（℃）	地温（℃）	畝幅（cm）	種子の深さ	播種（kg/ha）	生育数（数/m^2）
繊維	N:80-120 P:50-80 K:60-80	2～3	6～8	12～25	2～3	50～70	180～200
種子		2～3	6～8	25～75	2～3	10～40	80～150

●収穫時

採取の目的	高さ（cm）	乾燥重量（トン/ha）	茎の繊維量（％）	貯蔵水分量（％）	収穫時期の目安
繊維	280～400	8～12	28～35	12～15	下の葉が黄色に変色したころ
種子	180～220	1.3～1.5	20～25	10～12（種子）	75％の種子が茶色になったころ

出典：Industrial Hemp Seed Development Companyの資料より

播種

播種時期は地方によって多少の差がある。栃木県では3月下旬から4月上旬に行ない、寒い地方では4月下旬となる。ちょうど山桜が咲いたあとがよいとされている。

雌雄異株の場合、繊維をとる目的では密植栽培、種子をとる目的ではやや粗《あら》い密度の栽培が適している。繊維をとるためには、条播《すじまき》で畝間20～30センチ、株間3～5センチ前後、1平方メートル当たり180～200粒（1ヘクタール当たり45キログラム）を播種する。種子をとるためには、条播で畝間75センチ、株間30～75センチ、1平方メートル当たり40～80粒（1ヘクタール当たり10～20キログラム）を播種する。

雌雄同株の場合は、雌雄異株の繊維をとる目的と同じ播種条件、もしくは若干密植を薄くしての栽培となる。いずれの場合も直播で行なう。

肥料

栃木県の場合は、10アール当たり堆肥1トン、苦土炭カル60キログラム、窒素10キログラム、リン酸15キログラム、カリ8キログラムを施用する。ドイツの例では、1ヘクタール当たり、収量が10～15トンの場合は、窒素100～150キログラム、リン酸50～75キログラム、カリ200～300キログラム、カルシウム150～200キログラム、マグネシウム

40～60キログラムを施肥している。どちらも整地前に施肥を行なっている。

管理

播種後6～10日で発芽し、種子や発芽直後の双葉は小鳥が好んでついばむため、日本では小鳥対策として寒冷紗《かんれいしゃ》という網を畑にかぶせているが、海外では広大な面積なので、そのような対策は一切とっていない。

間引きは発芽状況や栽培の目的によって異なるが、高品質の繊維をとる場合には、背丈が6～7センチのときに密植した箇所を間引き、背丈15～16センチになったころに生育不良や伸びすぎのものを、株間9センチになるように間引く。

風や虫による被害茎が発生したら、そのつど除去する。栃木県の場合は、間引き時にカツサビという小型の中耕具を使用して、畦間の土を反転させながら、両側に軽く土寄せし、除草をかねて実施している。

芽が出たところ

病虫害

ヘンプは病気の発生がほとんどなく防除の必要はない。同じように害虫にも強いが、日本ではヨトウムシ、フキノメイガ、アサゾウムシの食害事例がある。

ヨトウムシというのは、ヨトウガ、ハスモンヨトウ、シロタエヨトウなどをひとまとめとした俗称である。非常に雑食性が強く、１００種類以上の植物に加害する。一般には年2回、5月と10月に発生し、野菜類などに大きな被害を与える。ヘンプの場合は、5月ごろに蛾が葉裏に産卵し、孵化して幼虫が葉を食害する。

フキノメイガ、アサゾウムシは、幼虫時に草木の茎や枝の内部に食いこみ、髄虫《ずいむし》とも呼ばれ、ともにヘンプの茎に入って食害し、被害にあった茎は風雨によって折れやすく、コブ状のものができている。

しかし、いずれの害虫の被害も軽微で、この3種

手で抜きとる日本の収穫

以外には報告がなく、通常の栽培では土壌くん蒸剤、殺虫剤、除草剤は一切使わない。

収穫

繊維採取の場合は、播種後110日ぐらいで収穫期となる。この時期になると茎葉は多少黄色に変色して下葉が落下する。収穫期が早いと繊維が細美で、色沢も良好であるが、強さが不十分で収量が少なく、遅すぎると収量は増加するが繊維が粗剛となって色沢も悪く、品質が低下する。

日本では、稲刈り用バインダーを改良した収穫機を使うが、多くの場合、10本ぐらいまとめて手で引き抜いている。引き抜いたあとは、畑で枝や葉を払い落として茎を直径30～40センチの束にして、根元から6尺5寸（約196センチ）に揃えて切り落とす。

海外では、コンバインで60センチの長さに茎をカ

茎を刈りとりながら、種子をとるドイツの収穫機

ットして、畑でレッティング（精練）を行なう。ドイツで開発されたヘンプ・コンバインは、雌雄同株用に茎と種子を同時に収穫するようにできている。1時間に2～3ヘクタールを刈りとることができ、1台あれば年間500ヘクタールぐらいまで対応可能で、4メートル50センチの刈幅をもつカッターを備え、3メートルのヘンプの茎を内部で60センチに切断し、同時に種子も採取する。240～280万円馬力のある大型のものである。ヘンプ・コンバインは、既存のコンバインをヘンプ専用に改造するのに約13万ユーロ（1820万円）を費やしている。

レッティング（精練）と運搬

ヘンプを畑から持ちだす前に、靭皮部（繊維）と木質部（コア）を分離しやすくするために、レッテ

雨露レッティング
繊維と木質部を分ける微生物の働きを活性化するために、
麻茎を掻き回す作業をしている

イング（精練）と呼ばれる処理をしなければならない。

レッティング

レッティングには、各国・各地域によってさまざまな方法がある（表）。ドイツ及びヨーロッパでは、主に雨露法がとられている。

栃木県の場合は、収穫後の生茎を沸騰させたお湯に1分間浸し表皮細胞を殺したあと、天日乾燥を行ない、この茎を貯蔵しておく。気温が15～20度のころ（9月と10月、4月と5月）にとりだして、麻舟に浸し十分な水分を与え、納屋の一角につくった蒸し床に3日間堆積しておき発酵させる。蒸し床は、麦藁などを敷き詰め、35度の温度を保つために、積み上げられた麻茎の上から布をかける。水分補給のために、発酵させる3日間は朝と夕方に必ず麻舟につける。

レッティング法のひとつで、繊維とコアをつないでい

さまざまなレッティング方法

自然的	雨露法	畑の上で野ざらし　14～30日　低コストでできるのが特徴
	冷水法	緩慢な流水（1～3m/分）または池で実施　7～10日間浸水しておく
	堆積発酵法	35℃前後で3日間発酵
人工的	温湯法	温かい水を利用　2～3日間浸水しておく
	培養法	細菌や酵素（ペクチナーゼ）によって、分離を促進させる
	化学法	苛性ソーダ等の薬品を利用　24～48時間で処理　高収率が特徴
	その他	蒸気爆砕、超音波など

出典：『麻の話』より

るペクチン質鎖はカルシウムによる架橋構造だが、これをシュウ酸アンモニウム処理によって化学的に分離する方法もある。

運搬

ドイツでは、畑から一次加工工場まで運搬しやすいように、幅1・2メートル、高さ0・8メートル、長さ2・3〜2・5メートル、容積にして2・3立方メートルのブロック状にする。ブロック1個当たり平均230キログラム（含水率9パーセント）あり、1ヘクタールで約35個できる。日本では畑で雨露法のレッティング工程をせずに、引き抜いて枝や葉を払い落としたあと、前述のような直径30〜40センチの束にして運搬する。

加工方法

伝統的な加工方法

栃木県では加工を手作業で行なっている。前述の堆積発酵させた麻茎を2、3本ずつ根元から繊維をはがし（麻はぎ）、麻ひき台と麻包丁で表皮やゴム質をきれいにとりのぞいて繊維質のみにする（麻ひき）。栃木県では麻ひき機という機械を使っている。この麻ひきした

麻の加工工程

❶茎の太さ別に収穫する

❷葉と枝を落とす

❸保存性をよくするために麻茎を煮る

❹麻干し。自然乾燥させる

❺水浸し。発酵を促すために麻茎を朝と夕方に水に浸す

❻発酵。3日間発酵させて茎の繊維とオガラを分離しやすくする

❾金色に輝く精麻。麻織物や神事用の原料となる

❼麻はぎ。繊維をはぎとる

❿オガラ。茅葺家の屋根材として使われる

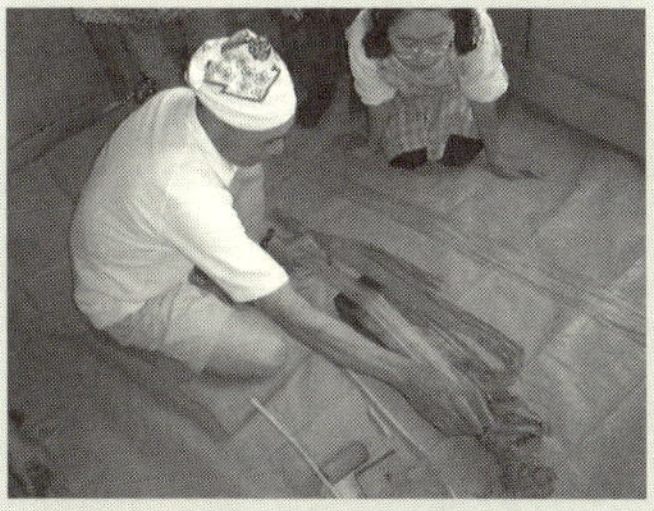

❽麻ひき。表皮や不純物をのぞき、繊維質だけにする

あとの繊維のことを「精麻《せいま》」という。そして乾燥させたあと、1・5キログラムの精麻の束をつくり、それを10個積み重ねた1把4貫（約15キログラム）で出荷する。

紡績糸の加工方法

世界一のヘンプ生産を誇る中国の紡績糸は、次のような工程を経て製造される。

①池浸水：レッティングして、繊維をはがす。
②脱膠《だつこう》：苛性ソーダで煮沸し、ペクチン質をとりのぞく。
③打繊：繊維を叩いてやわらかくする。
④洗浄・脱水：水と硫酸で苛性ソーダを中和し、繊維をほぐして天日乾燥させる。
⑤軟繊：歯条のローラーの間を通して、繊維をやわらかくする。
⑥熟成：植物油を散布して1週間寝かせる。
⑦切断：切断機で一定の長さに切る。
⑧梳綿《りゅうめん》：長い繊維と短い繊維に分ける。
⑨粗紡・精紡：繊維を延伸して、スライバー状（紐状をなしている繊維）にする。
⑩巻糸となる。短い繊維は別工程を経て、糸となる。

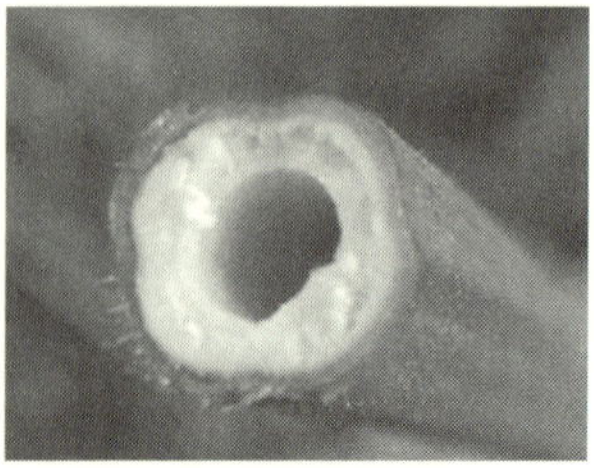

麻の茎の断面図

新しい加工方法

主にドイツ、フランス、イギリスなどで行なわれている加工方法である。

収穫された麻茎は、靭皮部の繊維と木質部のコア（麻幹《オガラ》）が混合した状態である。これを繊維とコアに分離し、不織布、建築材、敷き藁、製紙原料、プラスチック原料などの最終用途（完成品）で必要とされる品質を満たすために、以下のような前処理の工程が必要となる。

投入する材料の品質によるが、このラインの容量は最大1時間に2トンである。

①給装テーブル：まず、ここに原料を投入する。

②ベイル開繊機：円柱形、立方体の藁束（ベイル）の両方を扱える。石を分離するために格子がある。

③コンベアベルト：結合金属探知機があり、自動的に金属を分ける。

④砕茎機《さいけいき》（Breaker）：木質部と繊維部を分離する。繊維構造を損なうことなく、木質部を何回もつぶす働きをする。

⑤ペダル・シェーカー：分離した木質部の除去を行なう。

⑥クリーナー（除塵機）：つぶされた木質部（破片）を空気輸送によってとりのぞく。

⑦コム・シェーカー（Comb Shakers）：⑥のあとに残った木質部を切り離す。

この2つの装置の設置数は、要求される繊維品質やクリーニングの程度によって変更できる。また、とりのぞかれた木質部は、別のクリーニングラインへ空気輸送される。

⑧オープンナー（開繊機）：ソフトな繊維房（繊維のかたまり）にする。

⑨ファイン・オープンナー：生産性を高めるための装置。

⑩綿状機：さらに綿状にすることができる装置（紡績糸用）。

収量と経済性

2000年の資料によると、栃木県では、生茎の収量は10アール当たり1・5〜2トンで、乾燥茎重は500〜600キログラム、精麻は50〜60キログラム、オガラは400キログラム程度である。精麻は品質によって価格差が大きいが、キログラム当たり8000〜1万円、オガラはキログラム当たり250円なので、10アール当たりでは精麻が50万円、オガラが10万円ほどである。

新しい加工方法で得られるヘンプ原料の割合

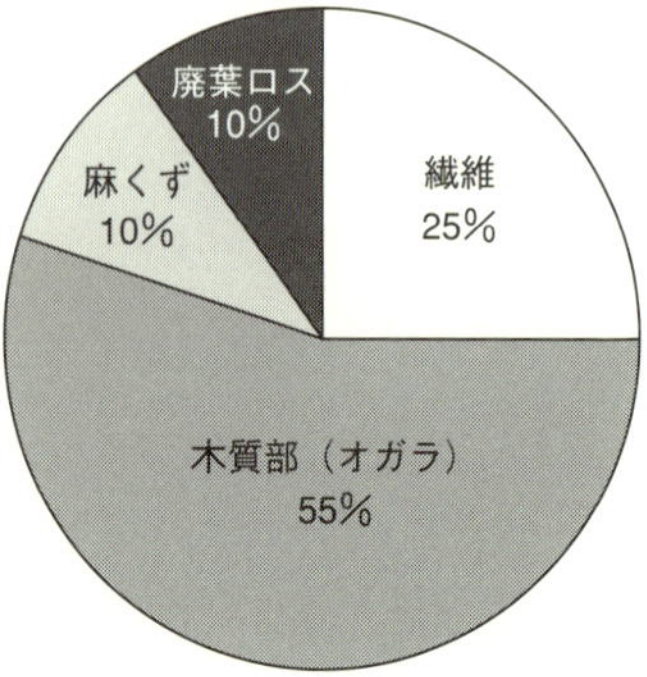

出典：ドイツ・ヘンプ産業視察ツアーレポートより

ヨーロッパでは、繊維部と木質部を分離する一次加工工場からの出荷価格（2003年）で、1トン当たりの建材やプラスチック強化材としての工業原料繊維は、7万5000〜9万円、紡績用繊維15万〜18万円、パルプ用繊維4万円、木質部のコアは3万円、種子は3万4000〜4万5000円、麻くずは0〜1500円という相場で販売されている。

ヘンプの収穫量は、1ヘクタール当たりヘンプ藁束が乾燥重量で8トン、種子が1トンでき、農家の売上高は、1ヘクタール当たり15万円＋EU農業補助金4万7400円（2003年度）となっている。

日本の感覚では、1ヘクタール当たりの売上げがずいぶん低いと思われるかもしれない。これは農家の作付面積の大きさがかなり違うことに由来する。日本の農家の規模は本州で1・6ヘクタール、北海道でも17ヘクタールだが、

日本の栽培状況

年次	栽培者（人）	作付面積（ha）
1950年	25,118	4,049
1955年	24,729	2,365
1960年	12,281	1,905
1965年	6,285	645
1970年	1,811	180.4
1975年	1,037	120.7
1980年	468	61.8
1985年	253	30.7
1990年	215	38
1995年	137	16
2000年	102	11
2005年	68	9

出典：厚生労働省『麻薬・覚せい剤行政の概況』より

1950年の日本のヘンプ繊維利用割合

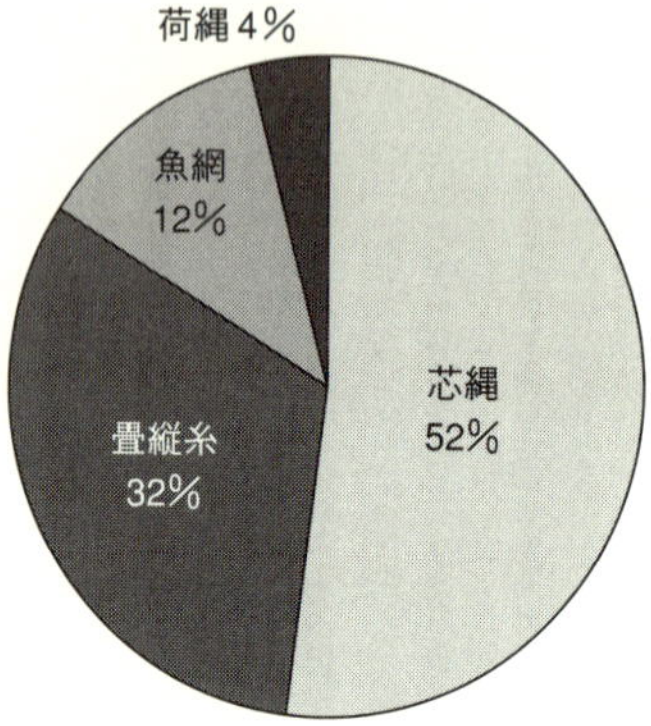

出典：『実験麻類栽培新編』より

EUのヘンプ繊維の利用用途（2003年）

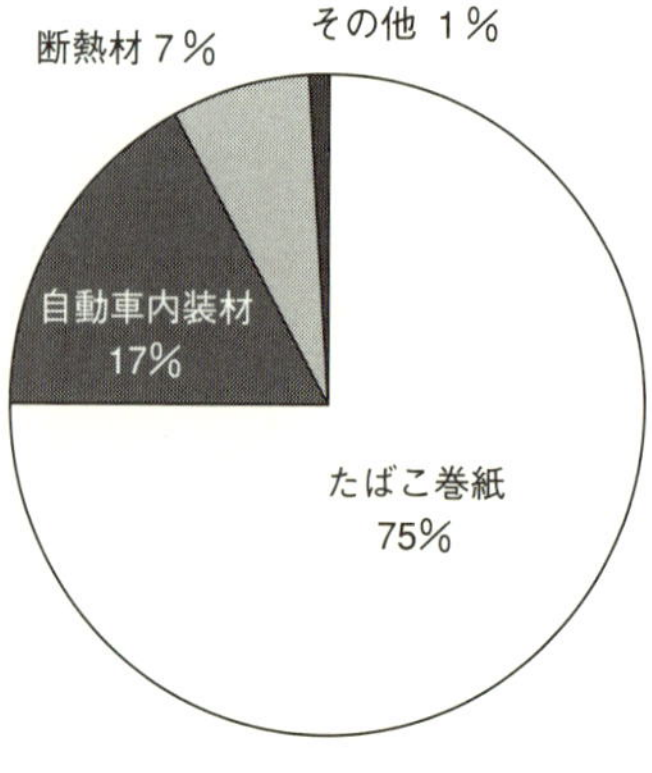

出典：EIHA2003の資料より

ヨーロッパでは50～100ヘクタールとなっている。しかも、ヘンプのみの栽培農家はなく、小麦、ライ麦、トウモロコシなどと輪作され、一農家につき10～20ヘクタールをヘンプの作付にあてている。

昔の麻畑の感覚

春に麻を植え、夏に収穫し、秋に糸を績み（麻糸をつくる）、冬に機を織るというプロセスから、女性が麻に従事する労働時間を考えると、一農家1畝《せ》ぐらいの栽培だったという。庭先や畑の隅に1畝（30坪、約99平方メートル、1反の10分の1）栽培し、そこから麻を収穫し、36日間かけて麻績み（糸づくり）をし、4日間で2反（布1反：3丈2尺×1尺＝1,216×38センチ）を織った。織機で1機というと布2反分である。糸の太さにもよるが1反の麻布はだいたい1.5キログラムある。麻の収穫量から推定すると1畝で6キログラムの繊維をとり、3キログラムを布にし、残りを縄と紐にしたと考えられる。

1反という畑の面積はとっても小さいが、人間が手作業でできる量を考えると大きすぎるのかもしれない。1反の10分の1の1畝しか使わない麻織物のことを考えると、自分自身の面積感覚がズレていたことに気づいた。それは、大量生産、大量流通、大量消費、大量廃棄の時代背景で自然に植えつけられてしまった価値観だということだ。量が多くなければ、安くならないという「規模の経済」にどっぷりつかっている中で、1反からの可能性を探る思考は、私にとって案外新鮮であった。1反の畑で何ができるのか？　最近、麻栽培の許可が下りた農家の面積は1反程度である。1反では何もできやしないと勝手に決めつけてはいけない。

「1反でいろいろできる。もっと知恵を絞ろう！」

3 日本文化と麻

正月は麻の鈴縄《すずなわ》を振ってお参りする

神社に行って、手を水で洗って、本殿らしきところに行く。そして、お財布から5円玉をとりだす。5円なのは別にケチだからではない。ご縁（5円）があるようにという縁起かつぎのためだ。それを賽銭箱に入れて、鈴縄を思いっきり振って、鈴をカランカランと鳴らす。お辞儀を2回して、手をパンパンして、今年1年の抱負や願いをつぶやく。

実はこの鈴縄は麻でできている。神社には、鈴縄だけでなく、神聖なところには結界を張る意味で麻紐が使われたり、神主さんが持っている御幣《ごへい》（ヌサともいう）にも精麻（麻の繊維）が垂れ下がっている。なぜ、神社では麻が使われているのか？　そんな疑問を私なりに追いかけてみた。

麻の神様を祀る大麻比古《おおあさひこ》神社と忌部《いむべ》神社

この2つの神社は、四国の徳島県（昔の阿波国）にある。

大麻比古神社は大麻比古大神《だいじん》を祭神とし、猿田彦《さるたひこ》神《しん》を祀《まつ》っている。神社の紋章である神紋は麻の葉紋である。

社伝の由緒書によれば、天岩戸《あまのいわと》の神事を司った神である天太玉命《あまのふとだまのみこと》の子孫の天富命《あまとみのみこと》が勅命によって阿波の地に来て、麻や楮《こうぞ》の種をまき、麻布をつくり、殖産興業の基を開いたという。そこで天太玉命を大麻比古大神と呼んでこの地に祀ったのが、大麻比古神社のはじまりであるというのだ。

忌部神社は、天太玉命とかかわりの深い阿波忌部

徳島県鳴門市にある大麻比古神社

氏の遠祖である天日鷲命《あめのひわしのみこと》を祀るが、この神も太古に麻を植えて紡績の事業を興し、その神徳を称えて「麻植神《おえのかみ》」と称されている。そして、この神の子孫の忌部氏は、阿波国忌部氏として大嘗祭（天皇即位後に行なう一代一度の五穀豊穣を願う祭り）において麻布を奉納する重要な役目を今日まで受け継いでいる。

平成2（1990）年に執り行なわれた大嘗祭でも、忌部氏の子孫が中心となり、剣山《つるぎさん》山麓の木屋平《こやだいら》村や山川町で厳重な監視のもとで神事として大麻草《たいまそう》を栽培し、3カ月後に刈りとり、巫女装束の織女によって山崎忌部神社で麻布を織り、同年10月30日に皇居宮中三殿の神嘉殿《しんかでん》に献上したのである。

平成の市町村大合併により、忌部神社のあった麻植《おえ》郡は、新しい市名を決める住民投票で「麻植市」が第1位になったが、合併協議会によって、「吉野川市」になってしまった。歴史ある地名から麻の文字が消えるのはとても残念なことである。

麻と『古事記』『日本書紀』

古代から現代に至るまで、神社祭祀において麻はとりわけ重要な意味を付与されている。今ではマリファナを連想させる「大麻」だが、実はもっとも古くは伊勢神宮から授与される神符《しんぷ》・神札《かみふだ》を指していた。「神宮大麻」と呼ばれるその神符を、神主や氏子（神社の地縁的集団）たちが配って歩いた時代があったのである。

また「大麻」は大幣《おおすらぬさ》を意味するが、これは麻や帛《はく》（白い布）や紙でつくられた幣《みてぐら》（神に捧げられるものの総称）で、古語では「和幣《にぎて》」ともいった。この「にぎて」については『古事記』に次のような神話伝承が記載されている。

天照大御神《あまてらすおおみかみ》が天岩戸に隠れたために世界が暗黒と化した時、神々がその岩戸の前で神事を執り行なうのであるが、この時、忌部氏の祖先神である布刀玉命《ふとたまのみこと》（天太玉命）が、天香山《あまのかぐやま》からとってきた真榊《まさかき》の上枝《ほつえ》に八尺勾玉《やさかのまがたま》を、中枝《なかつえ》に八咫鏡《やたのかがみ》を、下枝《しずえ》に「白丹寸手《しろにぎて》・青丹寸手《あおにぎて》」を取りつけて「布刀御幣《ふとみてぐら》」として捧げ持ち、中巨氏の祖先神・天児屋命《あめのこやねのみこと》が祝詞《のりと》を唱え、猿《さる》女《め》氏《し》の祖先神の天宇受売《あめのずめ》が神懸《かみがか》りとなって踊りを踊った。その時、にぎわいを不思議に思った天照大御神が顔を出し、それで世が再び明るくなったと。

（『古事記』〈新編日本古典文学全集〉小学館）

この箇所を『日本書紀』本文の注釈書『一書』では、粟（阿波）国の忌部の遠祖、天日鷲命のつくった「木綿《ゆふ》」を真榊の下枝につけたと記載している。この時代の木綿《ゆふ》は、コットン

（綿）のことではなく白い繊維全般を意味している。綿が日本に来たのは、歴史書である『日本後記』によると、799年、桓武天皇の平安時代のことである。つまり、『古事記』（712年発行）、『日本書紀』（720年発行）が書かれた時代には綿はなかったのである。

麻と『古語拾遺』

阿波忌部氏と同祖をいただく斎部広成《いんべのひろなり》の著した書物『古語拾遺』（807年）には、伊勢国の麻積《おみ》の祖である長白羽神《ながしらはのかみ》に麻を植えさせて「青和幣《あおにぎて》」をつくらせ、天日鷲神（命）と津咋見神《つくいみのかみ》に穀木《かじのき》を植えさせて木綿《ゆふ》から「白和幣《しろにぎて》」をつくらせたとある。これからして、「青和幣」が麻であり、「白和幣」が和紙原料である穀木＝梶の木または楮《こうぞ》であったことがわかる。その麻と木綿を真榊にとりつけて神に捧げ、神の降臨を願ったのである。

また、『古語拾遺』の伝承によると、神武天皇の命によって、天太玉命の子孫である天富命は、天日鷲神（命）の子孫の忌部氏を率いて阿波国に至り、穀木や麻を植え、それを大嘗祭のときに献上することになったという。

さらにこの天富命と阿波の忌部氏が東に渡って、現在の千葉県、つまり安房《あわ》郡（安房国）に至り、そこにやはり麻を植えた。麻がふさふさ（総々）生えていることから、この地を上総《かみつふさ》・下総《しもつふさ》というようになったという。

阿波（徳島県）と安房（千葉県）は、同じ「アワ」の国名をもち、ともに忌部氏が麻を植えて切り開いた土地なのだ。そしてその地にともに天太玉命を祀る神社、大麻比古神社と安房神社を建てた。大麻比古神社が徳島県鳴門市大麻町にあって、麻の葉の神紋をもつというのも意味深長である。『古事記』『日本書紀』『古語拾遺』にみられるように、神様が降りてくるところ＝依《よ》り代《しろ》として麻が使われたことに由来して、今でも神社で大麻の繊維が使われていると説明することができる。

木綿《ゆふ》＝大麻繊維＝依り代はなぜ？

これを理解するには、言霊《ことだま》信仰、日本語のもつ呪力霊力から考えなければならない。神社で御祓いをしてもらうときに使う御幣《ごへい》は、榊《さかき》に木綿《ゆふ》をつけたものである。昔は、木綿垂《ゆふしで》とも和幣《にぎて》ともいい、麻の皮を水にさらして、糸状に細かく裂き、ヒラヒラと翻《ひるがえ》るようにしたものである。

江戸時代から和紙でつくった紙垂《かみしで》に変わったが、今でも大麻繊維は、榊の先端から2本垂れ下がっている。榊を振るとヒラヒラとするが、このヒラヒラと翻る形状が言霊からいうと生命力・霊力を与えるのである。

『日本語に探る古代信仰』という本によると、言霊からみると、「ヒ」は霊力を表す語で、ヒル（霊ル）はそれを動詞化した単語である。そして、ヒルという動詞から派生した単語として、ヒラメク（旗の翻る形状）や形状言としてヒラヒラがある。何かアイデアが思い浮かんで、ヒラメイタ！というときのヒラは、言霊的にいえば、どこかから突然、霊力が与えられた状態のことである。

日本語はすばらしい！

また、御祓いのときに、穢れを祓うといえば、将来発生する災いをとりのぞくと解釈されているが、もともとは、穢れは気涸れ（ケカレ）で、生命力・霊力がなくなった状態のことをいう。神官が御幣を振ることで新しい生命力・霊力を与えて、悪い出来事が起きないようにさせることが本来の意味なのである。

よって、言霊からみると大麻繊維は、神様が降りてくるところ、つまり依り代である理由は、生命力・霊力を与えるもの＝ヒラヒラするもの＝木綿《ゆふ》＝大麻繊維＝依り代となる。

御幣は、榊に紙垂を垂らし、大麻繊維でしばってある

化学繊維を使った神社では願いごとはかなわない!?

キリスト教、イスラム教などの一神教は、非常に目的志向の強い考えである。「ナニナニすべきである」と。これは思想や理念に頼り、相手を説得していこうという啓蒙主義的なやり方である。

これに対して、産土《うぶすな》、すなわちその土地固有の神様、古神道のもっていた発想は、「なるようになっていく」「なるべくして、なる」という世界観である。

現在は、「ナニナニすべきである」という近代の西洋的な考えが支配的であるが、スローライフがブームになったことを考えると日本も「なるようになっていく」「なるべくして、なる」という世界観が求められる時代になってきたのである。この世界観は、多神教であり、八百万神《やおよろずのかみ》で、ありとあらゆる自然物に神様がいると考える古神道の考え方である。

大麻繊維を使った神社の鈴縄

私たちにもっとも身近なこの世界観を形にして祀っているのが神社である。

最近、神社にお参りする人が少なくなって、お賽銭が減った影響か、鈴縄が石油由来のナイロン製であるところも多い。全国で約8万社ある中で、7割がナイロン製、3割が中国産の大麻繊維、ごくわずかな神社の鈴縄が国産大麻繊維といわれている。大麻繊維が神様の依り代であり、生命力・霊力を与えるものなのに、その神社の鈴縄が石油由来の化学繊維を使っているなんて！　形だけでは、意味がない。鈴縄に大麻繊維を使っていない神社はご利益がなさそうだ。

麻の葉文様

現在の日本の乳児死亡率は1000人中3人と、世界でも有数の低さであるが、明治・大正・昭和初期までは100～150名に上った。想像もつかないかもしれないが、生まれてくる子どもが2日3日で死ぬのは日常茶飯事だったのである。そこで、なんとか悪霊にとりつかれず、すくすくと育つように願いをこめて赤子に着せたのが産着《うぶぎ》であった。産着は、ガーゼ地で

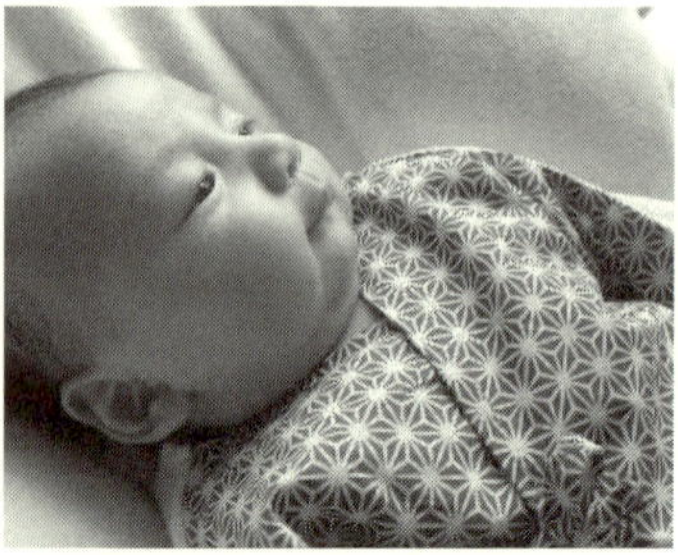

麻の葉模様の産着（手づくり品）

できていて、麻の葉文様の色は黄色と赤の2種類がある。昔は、手縫いで麻の葉文様を刺繍していた。

麻の葉は災いを防ぐ魔避けの意味がある植物であり、神事では、神主がお祓いをするときの御幣に麻の繊維（精麻《せいま》）をつけている。麻は、へその緒をしばるのにも使われていたし、産婦の髪をしばるのにも使われていたという。これは実用品としてはもちろんのこと、魔避けのおまじないでもあったのだ。産着の麻の葉は、黄色はうこん、赤は紅で染められていた。うこんは虫がつかないという言い伝えがあり、また、赤ちゃんが黄疸になるのを防ぐ意味がこめられていたという。赤色は、魔避けの色であり、麻の葉文様の刺繍糸にその意味をこめたのである。

麻の葉文様は、麻畑で麻の葉をみて図案構成したものではない。六角形を基礎として構成した幾何文様がそのはじまりで、後に形が麻の葉に似ていることから麻の葉文様と呼ばれるよう

麻の葉文様（家紋）

①細麻の葉、②外三つ割り麻の葉、③三つ割麻の葉、④丸に真向き麻の葉、⑤丸に麻の葉、⑥丸に麻の葉桐、⑦陰陽麻の葉、⑧真麻崩し、⑨麻の花、⑩麻の葉、⑪麻の葉桔梗、⑫麻の葉車

になった。建造物や建具などにも多く使われている模様で、鎌倉時代にすでにみられている文様のひとつである。

麻の葉文様を有名にしたのは、江戸時代の歌舞伎役者、美貌の女形五代目岩井半四郎である。彼が舞台で麻の葉文様の衣装を着用したことから、文化文政時代の女性の間で爆発的に流行したのである。今でも和風柄のデザインとして着物や小物などで親しまれている。

お盆と麻

お盆とは、正しくは「盂蘭盆会《うらぼんえ》」のことで、略してお盆という。盂蘭盆とは、サンスクリット語の〝ウラバンナ〟を音訳したもので、「地獄や餓鬼道に落ちて、逆さづりにされ苦しんでいる」という意味で、祖先を死後の苦しみから救うために供養を営むのが盂蘭盆会なのである。毎年7月15日を中心に、13日を迎え盆、16日を送り盆といい、13日から16日までの4日間がお盆の期間となる。ただし、旧暦の7月15日や、月遅れの8月15日を中心にお盆を行なうところもある。本来は、日蓮宗などの仏教行事だったお盆が、働く人は盆休みをこの時期にとり、故郷のある人は帰り、盆踊りをして楽しむなど、夏の季節の行事として私たちの生活の中にしっかりと根ざしている。

お盆には、先祖や亡くなった人たちの精霊《しょうりょう》が明かりを頼りに帰ってくるといわれ、13日の夕刻に、仏壇や精霊棚《しょうりょうだな》の前に盆提灯《ぼんちょうちん》や盆灯籠《ぼんとうろう》を灯し、庭先や門口で迎え火として麻の皮をはいだ茎である麻幹《オガラ》を焚く。それが「迎え火」である。盆提灯をお墓で灯し、それを持って精霊を自宅まで導くという風習もあり、これを「迎え盆」ともいう。14日、15日は、精霊は家にとどまり、16日の夜、家を去り帰ってゆく。このときには、迎え火と同じところで今度は送り火を焚き、帰り道を照らして霊を送り出す。これが「送り火」である。

ほかにもオガラは、精霊棚から仏壇までの梯子をつくるのに使われたり、先祖を早くお迎えしたいという気持ちを表す足の速い馬「胡瓜《きゅうり》の馬」の足や、名残を惜しみながら足の遅い牛でゆっくり送る「茄子《なす》の牛」の足に4本のオガラを使う。祖先はオガラの足をした胡瓜の馬、茄子の牛で冥土と現世を往復するのである。

今でもお盆の時期になれば、花屋、道の駅、スーパーでお盆セットを販売している。その中に必ずオガラが入っている。オガラ単体でも約50センチの長さのものが3本100円ぐらいで販売されている。お盆休みでしかお盆を実感できなくなってい

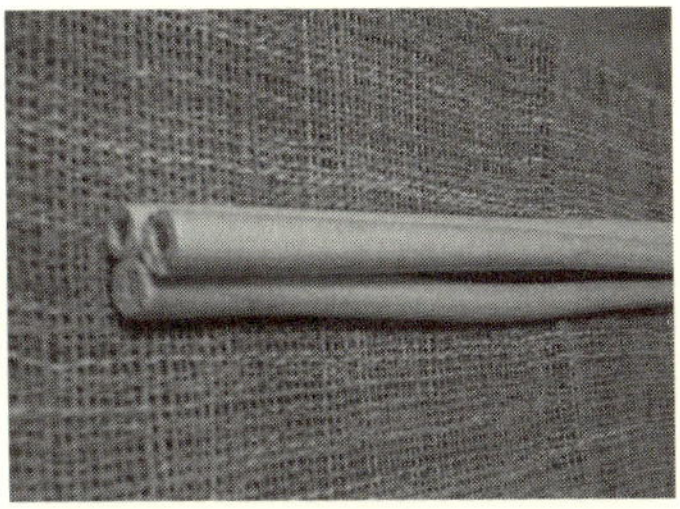

お盆に使われる麻の繊維をとったあとの茎「オガラ」

る人も多いかもしれないが、本来のお盆の行事には麻が使われている。あの世とこの世の媒体として麻が使われていることがわかる事例である。

弓弦と麻

弓は人類が狩猟生活をしていたときからの道具であり、日本の現在の弓の長さは7尺3寸（2・21メートル）で、弥生時代に定着したと考えられる。当初の弓は木や竹で弓をつくり、藤蔓《ふじつる》のような繊維質のものを弦《つる》として使用し、矢は鳥の羽や細い木でつくっていたと思われる。狩猟による人々への恵みをもたらすものであったため、次第に弓は神聖なものとして扱われるようになってきた。

現在、破魔弓とか破魔矢とかいわれ、初詣の開運の縁起物や男児の正月の祝い品としての物、また新築のときに上棟式に鬼門の方角に向けてたてる矢など、いずれも悪魔払い、邪気祓いとして縁起のよい物とされている。宮中では皇子誕生のときに弓弦をならす鳴弦《めいげん》の儀もある。

弓の弦《つる》は、麻糸を撚り、にかわを塗ってつくっている。弦から矢が離れた瞬間の「キャン」という甲高いはじかれたような音＝弦音《つるね》は、魔を祓う意味がある。弦は昔から麻が最上の物とされてきたが、最近では合成繊維キュプラの弦も多くつくられている。しかし、弦音は麻糸が最高で、冴えたよい音が出る。この感触のため高段者では麻糸を選択する人も多いのである。日本の弓道で使う竹の弓にとっては、使用中いつまでも切れない合成繊維より、時々切れる麻糸のほうが弓の負担が少なく長持ちするのである。

凧の糸は、麻の糸

静岡県浜松市の浜松まつりの代名詞ともなっている「凧合戦」では、五月晴れの大空を凧が勇壮に舞う。浜松市内の各町自慢の大凧を使って、糸の摩擦で相手の凧糸を切り、勝敗を競う。相手の凧に勝つためには、糸先（組長）の合図によって行なわれる転機（滑車）の操作などチームワークがポイントとなり、各町の団結力が勝敗を左右する。そして、凧合戦の熱気あふれるムードをさらに盛りあげる進軍ラッパの音によって、合戦はますます白熱化する。

凧合戦の勝敗を握る凧糸は、摩擦に強く、しかも丈夫な物が要求される。浜松の凧糸は、撚《ひより》が強く、激しい合戦にも耐えられる強度を誇っているが、切れた場合に継ぎやすいように工夫もされている。浜松の凧糸は、栃木県鹿沼地方で栽培された麻を原料にした麻糸（規格品直径5ミリ）でつくられる。同じ強さの凧糸で合戦ができるよう、すべて「浜松まつり会館」でつくられ、凧合戦に参加する各町に配られる。

愛知県田原町のけんか凧も麻糸が使われているが、引っ張っても伸び率が少ない麻糸は、手元の操作で瞬時に動きが伝わるのである。普通、凧というと凧に描いてある絵が気になるが、凧合戦ともなると糸も重要な要素なのだ。東京には凧好きにはたまらない凧の博物館もあるので、行ってみてはどうだろうか。

◉凧の博物館
〒103−0027　東京都中央区日本橋1−12−10　電話03−3271−2465
開館時間：午前11時〜午後5時　日曜・祝日は休館

横綱の化粧回し、結納品、書道、灯明油などにも麻

日本の国技である大相撲の最高位である横綱だけに与えられる特権がある。それは、化粧回しに使う綱の原料が大麻繊維であることだ。白い布が巻かれているので外からはみえないが、銅線を芯に入れた麻にさらし木綿を固く巻いてつくった3本の綱を一門の力士総がかりで左巻きに巻いて1本の綱につくり上げる。化粧回しには約12キログラムの麻の繊維が使わ

れているという。自然界の中でもっとも強靭な麻の繊維は、相撲界でもっとも強い横綱に使われているのである。

結婚式に先立って行なわれる結納は、婚約式のことであり、日本の各地でいろいろな形で実施されている。その際に取り交わす結納品の中の友白髪《ともしらが》をご存じだろうか。それには麻の繊維が使われており、これから夫婦になる新郎新婦が、白い麻の繊維のようにともに白髪になるまで仲良くするという意味をこめて、新郎側から新婦側へ送られる一品なのである。

結納品は、関東式、名古屋式、関西式といくつか代表的な例があるが、そのどれにも友白髪はついている。麻の繊維は邪気を祓うだけでなく、縁起がよく幸せを呼ぶものとされてきたのである。

書道の紙には、和紙が使われており、麻の繊維を原料とした麻紙も使われてきた。ただし、繊維が強いために生産効率が悪く、麻紙は日本の製紙史から消えていたが、内藤湖南博士のすすめで福井県今立町の名紙匠岩野平三郎氏が１９２６（大正15）年に復元して、日本画用紙としての販路を開いたのをきっかけに麻紙という分野が生き残っている。

書道では、紙だけでなく、墨にも麻が使われている。墨には、主に「油煙墨《ゆえんぼく》」と「松煙《しょうえん》墨《ぼく》」の2種類ある。「油煙墨」は桐油、菜種油、麻子油（ヘンプオイル）などを焼いてできた煤から製成され、墨色は青色系統であり、光沢があり作画に適している。「松煙墨」は松の枝を焼いた煤から製成され、茶色系統である。

そのほか、麻は、明かりを灯す原料や素材にもなっていた。麻の繊維をはいだあとのオガラは、たいまつの原料となり、麻の実からとった油は、『大宝令』（701年）や『延喜式』（927年）によると鯨油、菜種油とともに灯明油としても使われ、灯明の芯は麻糸であった。

「神戸の火祭り」で使われるオガラのたいまつ（岐阜県重要無形民俗文化財）。乾燥したオガラは火持ちがよい

日本の文化財を支える麻

麻が素材に使われている文化財は、栽培、加工、機織、染織、麻布、神楽、たいまつ、弓弦、凧糸、絵画、茅葺屋根など幅広くある。全国的な調査はまだしていないので、県レベルから市町村レベルまでの文化財をみていくとかなりの数になると思われる。

また昔は大麻糸を使っていた、越後上布、能登上布、近江上布などを入れると麻布分野だけでも数多くある。しかも、材料として必須となる白壁や漆喰壁の麻スサ（国宝の姫路城など）、漆器をつくるとき漆の重ね塗りに使われる麻布、能楽や長唄に使われる締め太鼓の皮の張り具合を調節するための麻糸、神楽の衣装などを含むともっとたくさんあるに違いない。

どの伝統工芸技術も、昔は生業だったために技術が伝承される環境にあったが、今はそれのみで生活の糧とすることは困難な状況なため、文化庁では、文化財保護法を2005年に改正し、新たに棚田や里山などの文化的景観も保護対象にした。日本の文化を支える素材が消えようとしている今、麻畑こそ日本の文化的景観として保護する対象にすべきではないだろうか。

麻が使われている日本の文化財

岐阜県白川村：世界遺産・合掌づくり→茅葺屋根にオガラ
宮城県栗駒町：人間国宝・千葉あやの氏（故人）…正藍染→栽培から麻布づくり、藍染めまで
大分県大山町：人間国宝・矢幡正門氏…粗苧製造→久留米絣の素材として
栃木県：国指定重要有形民俗文化財・野州麻の生産用具
宮崎県高千穂町：国指定重要無形民俗文化財・高千穂の夜神楽→素襖《すおう》と呼ばれる衣装の一種が麻布
奈良県指定無形文化財：奈良晒《ならさらし》技術保存会→手績み大麻糸の麻織物
青森県指定有形民俗文化財：南部地方の紡織用具及び麻布（520点個人所有）
愛媛県指定無形民俗文化財：八幡浜市五反田の柱祭り（8月14日）→オガラのたいまつ使用
群馬県選定保存技術：岩島麻保存会→栽培から精麻加工まで
長野県選択無形民俗文化財：開田村の麻織の技法
東京都指定無形民俗文化財：六郷神社の流鏑馬→弓は椿の木に麻の弦
福島県福島市指定無形文化財：御山神楽→演目に大麻楽あり
三重県松阪市無形民俗文化財：御衣奉織行事《おんぞほうしょくぎょうじ》→5月と10月に神麻続機殿神社で麻を織り奉じる
愛知県田原市指定無形民俗文化財：田原けんか凧→凧糸が大麻糸
栃木県栃木市指定有形文化財（絵画）：大麻収穫の絵
栃木県指定伝統工芸品：日光下駄→鼻緒の素材が大麻繊維

4 ヘンプを着る

麻を身に着けてきたご先祖さま

日本では、古くは縄文時代前期の福井県鳥浜遺跡から大麻繊維や種子が発見されている。弥生時代の衣服は、大麻草《たいまそう》と苧麻《ちょま》の2つの「麻」を利用している。7世紀には、律令制といわれる制度が確立され、「租・庸・調」という3種類の税が定められた。その中で、絹や綿などの物産を納める「調」に麻布もあり、重要な税のひとつであった。奈良時代に書かれた『常陸風土記』『播磨風土記』『出雲風土記』『大日本史』などには日本各地で栽培されてきたことが記されている。

8世紀中ごろの歌集『万葉集』には麻の歌が55首あり、さまざまな歌が詠まれている。

桜麻《さくらを》の麻生《をふ》の下草露しあれば明《あ》かしてい行け母はしるとも（露に寄せる恋歌　出典不明）
〈釈〉桜麻（大麻草の雄株）の畑の下草は、露で濡れているから夜を明かしてお帰りなさい。たとえ母が気づいてもかまわないから。

麻衣《あさごろも》着ればなつかし紀伊《き》の国の妹背《いもせ》の山に麻蒔《ま》く我妹《わぎも》（藤原卿《ふじはらのまへつきみ》作）
〈釈〉麻の衣を着ると懐かしく思い出される。紀伊の国の妹背の山で麻の種子を蒔いていたあの娘のことが。（紀伊の国の名産である麻を通じてその土地の娘を懐かしんだ歌）

（『麻に関する古歌』山守博著、大日本法令印刷）

江戸時代になると庶民の衣類は「麻」から「木綿《もめん》」へと変わった。木綿は保湿性、肌触り、染色の鮮やかさ、加工工程が少ないという面で麻よりも使いやすい素材であった。
しかし、麻の用途は広く、繊維は、高温多湿な日本の夏に欠かせない麻布になり、畳の表地（畳表）の縦糸、丈夫な魚網や釣り糸、蚊帳、下駄の鼻緒などに使われていた。また、繊維をとったあとの麻幹《オガラ》は、明かりを灯すたいまつや携帯用暖房器具のカイロ灰の原料に使われ、種子は食用、照明用の灯油になり、根や葉は薬用として利用されていた。

しかし、第二次世界大戦後、GHQ占領下において、1948年に大麻取締法が制定され、化学繊維の普及と栽培規制によって、ほとんど栽培されなくなり、人々の前から姿を消している。

日本の守るべき伝統技術「麻織物」

現存する麻織物はわずかしかない。現在でも残っている越後上布、近江上布、能登上布などの麻織物は、以前は大麻草の手績みの糸を使っていたが、材料の入手が困難になったため、中国産の紡績糸や苧麻（ラミー）を使っている。大麻繊維にこだわっているのは、奈良市月ヶ瀬の「奈良晒《ならさらし》」と岩手県雫石の「亀甲織《きっこうおり》」の2カ所しかない。

奈良晒は、江戸時代に栄え、武士階級の衣服、反物として使われていた。中でも1900年のフランスのパリ博覧会に出品し、銅メダル賞を授与された石打縞《いしうちじま》という黒地に白縞の入った帷子《かたびら》は有名である。明治時代からは、蚊帳地などに転換した。

ほかの麻織物の産地が第二次世界大戦を境に、存続が難しい状況になったにもかかわらず、「奈良晒」の産地はなぜ生き残ってきたのだろうか？　月ヶ瀬村教育委員会が発行している『奈良さらし』という本によると、

①昭和初期に、創業1818年の中川政七商店の織布工場ができ、織子の養成と麻布の普及に熱心だったこと。

②伊勢神宮の御料として毎年、上納している家、人々がいたこと。現在では坂西家が担当している。

それから、地元での保存会活動も見逃してはならない。1979（昭和54）年に奈良県の無形文化財に指定され、その後に奈良晒技術保存会が発足して精力的な活動をしてきたからである。保存会は中川政七商店、坂西家、岡井麻布商店が中心となって活動している。

保存会発足当時に定められた技術保存の条件は、①苧麻または大麻をすべて手紡ぎした糸を使用すること、②手織りであることの2点があげられている。保存会のほかにも奈良晒の伝承教室、帝塚山大学短期大学部の日本織物文化研究会（代表：植村和代氏）がそれぞれにがんばっている。

奈良晒の麻織物

奈良晒の材料の産地は、古くは山形県、福島県、新潟県、栃木県、群馬県などであった。今では経糸《たていと》には、機械紡績の苧麻、緯糸《よこいと》には、主に栃木産と群馬産の大麻を使っている。

亀甲織は、かつて幻の織物とされていたものが1985年に故加藤ミツエ氏によって復元され、以後「しずくいし麻の会」という組織を結成して、麻の栽培から収穫、草木染から織りまでの全工程を手作業で行なっている。縦糸を横糸にからませながら、六角形の模様をつくっていく。この模様が亀の甲羅に似ていることから亀甲織の名がある。

もともと、東北地方では、ワタが栽培できなかったため、木綿の布が普及するのは明治・大正時代のころであった。木綿が普及するまでは、麻布のことを「ノノ」と呼び、麻糸のことをイトといった。

岩手県久慈市の山根六郷研究会が製作した麻栽培記録映画のタイトルは「麻《いと》と暮らし」である。また、滋賀県高島市朽木地域の麻の記録ビデオは、「ハルとノノ」というタイトルで、ハルというおばさんの歳時記とノノ（麻布）の話である。

イトとノノは全国的に麻糸と麻布を表す言葉として使われてきたのかもしれない。

岩手県の伝統工芸品に指定された亀甲織の手づくり商品
ペンケース、財布、名刺入れ、印鑑入れなどの小物から、
バッグ、巾着手さげ、ベスト、作務衣などの衣服まである

コットンの服を着ているだけで環境破壊に貢献

今日、私たちの着ている洋服の半分以上が木綿（コットン）である。コットン100パーセントというとナチュラルな感じがするが、これはまったくのウソである。結論からいうと、綿栽培は、農家の人のからだを蝕み、土壌汚染と水不足を招き、農地の荒廃をもたらしているのだ。普通の農産物ならば、口に入れるものなので問題を認識しやすいが、衣服となると、自分とは異なる世界の出来事として無関心なままになってしまう。

コットンの栽培面積は、全世界の農地面積のたったの2パーセントなのに、農薬使用量は全使用量の26パーセントを占めている。アメリカに限っていえば、全農薬の50パーセント近くになる。たったひとつの農作物でなぜそんなに大量の農薬が必要なのだろうか？　理由がよくわからなかったのでいろいろと調べてみると、コットンはとてもデリケートな作物らしく、種にはあらかじめ虫に食われないように防虫剤を散布し、化学薬剤・肥料により土壌消毒・土壌改良をする。さらに雑草を除去するために除草剤を散布し、コットンの葉につく虫を駆除する殺虫剤を散布する。

収穫時には、人工的に葉や茎をからさないと、葉の葉緑素がコットンについてシミになってしまうので、枯葉剤を飛行機から空中散布する。なんとベトナム戦争で使用した枯葉剤だ！　収穫したあとに紡績をするときにも補助材として化学薬剤を使用。そのうえ、加工には、化学糊、漂白剤、化学染料、防腐加工剤、柔軟仕上げ剤などさまざまな化学薬品を使っている。当然、工業排水が大量に出されている。環境基準を守るために排水を薄めて流してしまうことが問題にもなっている。

また、コットンという植物は、コットンボール（綿花の部分）を大きくするために大量の栄養分と水を必要とする。そのため、産地のウズベキスタンでは、アラル海や周辺の河川から水をひき、農業用地の灌漑施設をつくってきた。その結果、かつて世界第4位の大きさをもっていたアラル海は干上がり、農薬の蓄積によって広大な土地は汚染されたのである。そのうえ、コットンは国際市場の価格に大きく左右され、換金作物としての価値はかなり低下している。

ヘンプはすべてオーガニック

多くの問題から1980年前半ごろから、オーガニックコットンが注目されはじめた。通常のコットンとくらべたのが次ページの表だ。

オーガニックコットンの定義は、「有機栽培認定基準に従って、化学物質を3年間使用していない畑で、一切化学物質を使わないで栽培された綿花のこと」である。各国の認証機関によって、農場や工場で厳しく検査され、合格したものだけがオーガニックコットンと名のることができる。価格的には、農薬漬けコットンの1・5〜2倍、茶綿や緑色の綿などのカラードコットンは、4〜5倍の価格差がある。

アパレル業界は、環境問題の深刻化と環境意識の高まりをうけて、1990年代前半からオーガニックコットン、1990年代後半からヘンプを取り扱っている。この2つの自然素材のミックスされた服は、私のお気に入りである。

ヘンプは、雑草や害虫に強いので除草剤や殺虫剤は必要としない。つまり、わざわざ

オーガニックコットンと通常のコットンの違い

	オーガニックコットン	コットン
種	何も使用しない	種子消毒をする
土壌	有機土壌で有機堆肥を使用	土壌を殺菌し、除草剤や化学肥料を使用
生育期	手作業による除草と天敵益虫による害虫駆除	除草剤と強い殺虫剤を散布
収穫期	水路封鎖などにより自然に枯れさせる	枯葉材を散布し、人為的に葉を落とす
紡績	蜜蝋《みつろう》、小麦粉、菜種油、果実汁の使用	パラフィン、合成ワックスや分解されにくい化学合成糊を使用
加工	温水と天然石鹸での加工	苛性ソーダ、硫酸、塩素系漂白剤など、地球環境に負荷をかける薬品を使用

出典：日本オーガニックコットン協会の資料より作成

「オーガニック」という冠をつけなくてもオーガニックなのである。また、トウモロコシや小麦との輪作に適した作物なので、土地の有効活用ができる。通常のコットンは同じ畑で毎年栽培されるため、病害虫を防ぐために多くの農薬が必要となる。１トンの繊維を得るときのエネルギー消費量でくらべるともっとわかりやすい。農薬漬けのコットンが25・２ＧＪ*も必要なのに、ヘンプは８・２ＧＪでよい。実に３分の１のエネルギーで生産できるのである。

*ギガジュール。１kＪで０度、３グラムの氷を溶かすことができ、１ＧＪは１kＪの１００万倍の熱量に相当する。

世界の繊維作物の生産量の表をみると、ダントツにコットンが多い。コットン独占状態である。オーガニックコットンは、コットン市場の０・５パーセント程度といわれているので、それを加味するとオーガニックコットンは年間約９万１０００トン！

現実的には、オーガニックコットンもヘンプも、これからの作物であり、量的な確保からいえば、ヘンプのほうがやや有利と考えられる。なぜならば、オーガニックコットンを育てる手間にくらべると、ヘンプは雑草や害虫に強いため、栽培に手間がかからないからである。残念ながら、今までヘンプの機械紡績が衣服にあまり適していなかったため、亜麻《あま》や苧麻などの麻類よりも衣服に使われてこなかった歴史があるが、最近の技術ではようやくクリアしてきている。

高温多湿な日本にはヘンプの服がいい

岩手県の民俗や風習を記した本に、「夏、夫に木綿を着せる妻は失格だ」という話があるぐらい、夏の衣類には麻がよかったらしい。麻の繊維が夏にいい理由は大きくまとめて3つある。

・熱伝導率がいい。空気を0・2とした場合の比較値は、麻0・63、綿0・54、毛0・37

世界の繊維作物の生産量（2004年）

作物名	生産量（トン）
綿花	24,685,705
ジュート麻	2,860,632
フラックス	782,054
ケナフ等	403,418
カポック	400,000
サイザル麻	314,701
ラミー	249,400
マニラ麻	97,880
ヘンプ	66,325

出典：FAO（国連食糧農業機関）の資料より

世界のヘンプ繊維の生産量（2004年）

	国　名	生産量（トン）
1	中国	26,000
2	スペイン	15,000
3	北朝鮮	12,800
4	チリ	4,350
5	ロシア	2,500
6	ルーマニア	2,000
7	トルコ	800
8	フランス	700
9	ハンガリー	600
10	ポーランド	50
	合計	66,325

出典：FAO（国連食糧農業機関）の資料より

・ヤング率（繊維の硬さの基準）が高く、衣類にシャリ感、張り、通気性がある
・繊維の中心にルーメンという細長い空洞（中空腔）がある

この3つがあわさると熱を逃がし、汗をすぐに乾かし、布の肌ざわりとあわせて清涼感がとてもよいということになる。

2000年のヘンプ衣料ブームのときには、スーパーの衣料売場に行くとヨーロピアンリネン（亜麻）のカッターシャツやポロシャツと一緒に、ヘンプ55パーセント、コットン45パーセントの混紡製品が売られていた。残念ながら、アパレル業界は、流行をつくるのが使命の業界なので、ブームで終わってしまった感がある。その後は、こだわりのあるヘンプ・ブランドをもつメ

日本のヘンプ繊維輸入量

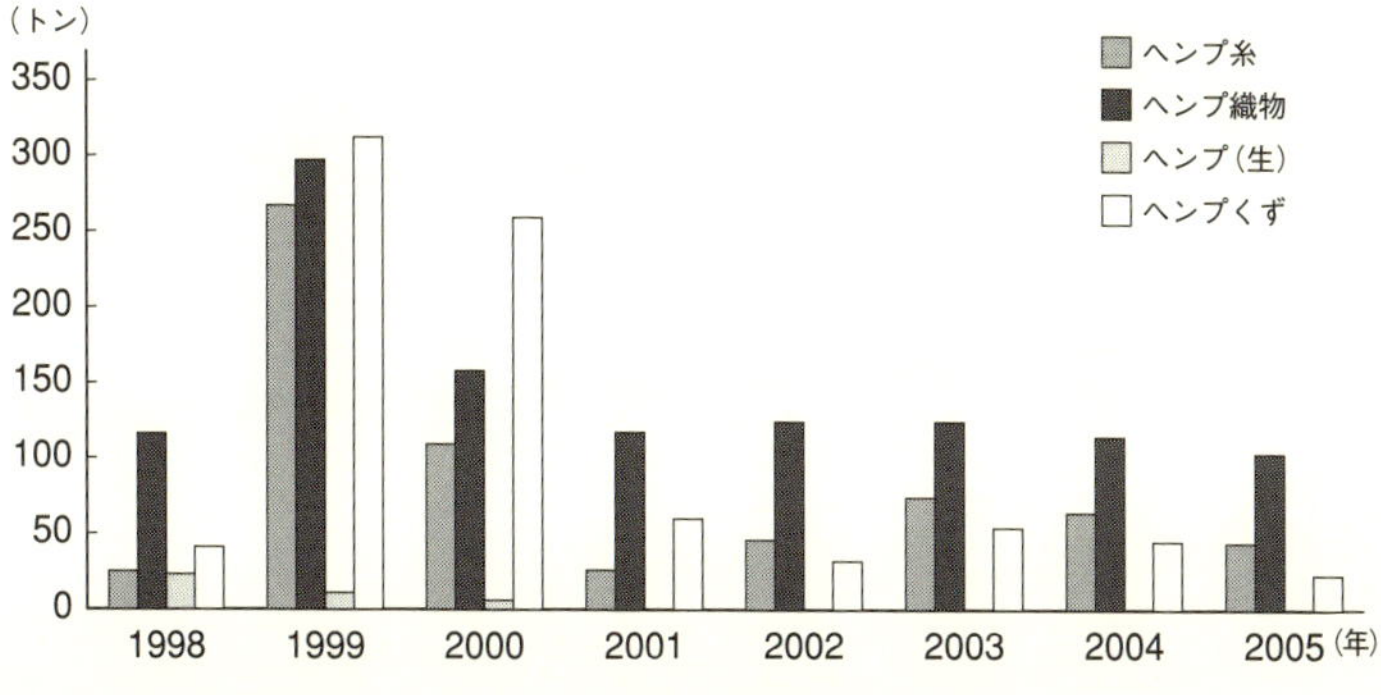

※1990〜2000年は大手アパレルメーカー主導のファッションブームだった
ヘンプ（生）：スライバーをつくるための繊維原料
ヘンプくず：糸になる前の繊維の束（スライバー）
出典：貿易統計より

ーカーの開発努力によって、少ないながらも一定のマーケットが確立されている。最近は、夏だけでなく、春・秋・冬と各シーズンに対応できるように羊毛生地とあわせたり、表面を起毛処理したり、混紡するなどした、魅力的な商品も増えている。

ヘンプ繊維の特性

ヘンプは、繊維の内部構造によって、熱を逃がし、汗を乾かす効果のほか、天然の抗菌性をもち、さらに紫外線遮断効果がある。

ヘンプ繊維は、繊維評価技術協議会の抗菌防臭加工の基準値2・2を十分にクリアしている。この抗菌防臭加工とは、繊維製品に抗菌性能を付与することにより、菌の増殖を抑制して、汗や汚れから発生する悪臭を防止する加工と定義されている。竹繊維の静菌活性値5・8には及ばないものの、何も加工しないで4・1もあるのはすぐれた特徴である。抗菌とあわせて、制菌効果も高い。殺菌活性値は0以上で制菌効果があると判断されるが、ヘンプ繊維は1・4もある。

抗菌性が高いのは、ヘンプ繊維の微細孔に酵素がたくさん含まれ、嫌気性細菌を生息させないからだと考えられている。抗菌性を利用して、中国や西洋ではソーセージなどの肉をしばる糸は、ヘンプ糸が一番よいとされている。また、通気性のよさと抗菌性による消臭効果が得られるため、靴下製品には非常に適している。それから、紫外線遮断率はヘンプ100パーセント布（生成り色）で99パーセント以上ある。通常の綿布の30〜90パーセントと比較してもその遮断効果は大きい。

また、ヘンプ繊維は、水に濡れると繊維が膨張するので防水効果があり、昔から船員服や田んぼの作業着に使われてきた。

また、昔から雷さまがなったら蚊帳の中へといわれたことから、電磁波遮断効果があるのではないかと考えられていたが、関西電子工業振興センターが定めた方法（KEC法）によるテストでは、電界シールド遮蔽率4〜10パーセント、磁界シールド遮蔽率11〜13パーセントであった。この程度の遮蔽率では、ヘンプ布には電磁波遮断効果はないと判断される結果となった。電磁波遮蔽を特徴としている

抗菌性試験

原　料	生菌数	静菌活性値	殺菌活性値
ヘンプ繊維（18時間後）	600以下	4.1以上	1.4以上
綿標準白布（摂取直後）	1.6×10^4	―	―
綿標準白布（18時間後）	7.4×10^6	なし※	なし※

黄色ぶどう球菌を原料に摂取させ18時間後の生菌数を計測した
菌株：黄色ぶどう球菌　　試験方法JIS L1902：菌液吸収法
検査：日本化学繊維検査協会　依頼者：Hemp Revo.Inc.
※生菌数が増加しているため活性値のデータはないという意味

布は、少なくとも40パーセント以上の遮蔽率はもっているからだ。

ヘンプ繊維生産量が世界第1位の中国では、天然繊維の王と呼ばれ、その効果を「三無一免一防」としている。これは、菌なし、虫なし、静電気なしの三無で、紫外線を免れて、通気性のよさから防臭にすぐれた布という意味である。

亜麻（リネン）や苧麻（ラミー）と比較すると、加工方法にもよるが、麻なのにやわらかい！という感想をもつ人がほとんどである。実は、ヘンプ繊維は、さまざまな麻繊維の中でももっともやわらかく、細い繊維であり、苧麻とくらべて、その幅は2分の1〜3分の1で綿繊維に相当する。この結果、ほかの麻繊維のようにゴワゴワした感じや粗雑感はなく、柔軟性をもたせるための特別な加工をせずに、からだにフィットした衣料ができるのだ。

また、ヘンプ繊維は、繊維が細いだけでなく、繊維の中心に細長い空洞があり、繊維表面には無数のひび割れと小さな空洞がある。これによって、吸湿性、発汗性がよく、体感温度

ヘンプの繊維は強くて伸びが少ない

種　類	強力（kg/mm^2）	伸度（%）
ヘンプ	80〜92	1.5〜2.0
亜麻	60〜83	1.8
コットン	37.6	7〜9
シルク	44.8	20〜25
ナイロン	46〜75	14〜25

出典：ノンウーブン　テクニカル・アラカルト

で5度ほど涼しく思える。38度の炎天下でも暑さが苦にならないのである。天然繊維の中でとくに、強くて、しなやかな繊維と評価されている。

ヘンプアクセサリーが手芸分野の一角に！

ヘンプといえば「アクセサリー」といわれるまで認知度が上がっている。今や子どもの夏休みの自由研究のテーマがヘンプアクセサリーになるぐらいである。親子で参加して、手づくりの達成感が味わえるのが最大の魅力である。

ヘンプアクセサリーの講師として各地を回っている麻太郎さんは、「ヘンプアクセサリーは、世界最古の遊び。歴史的にみんながかつてやったことがある遊びで、紐を結ぶという行為は、生活そのものである」といっている。縄文時代の土器の縄目模様の縄が麻縄だったことから、昔の人も生活技術のひとつとして紐を結んでいたのかと思うと、とても親しみがわく。

ヘンプアクセサリーが大きく伸びたきっかけは、手芸・マクラメ分野で毛糸やビーズを販売している東京川端商事であった。

若者に大人気のヘンプアクセサリー

この会社は、昔から雄鶏社という出版社からきっかけ本シリーズを発売しており、2003年に『麻で編むヘンプアクセサリー』を出版した。この本は294円で購入できるカラーの本で、基本的な編み方がわかりやすく解説してあり、これでヘンプアクセサリーが広まったのだ。

これ以降、次々に各出版社からヘンプアクセサリーの本が出版され、今では小物やバッグのつくり方までバリエーションも増え、10冊以上を数える。

ヘンプ・ブランド

ジーンズの起源は西部開拓時代、作業着として強いズボンが必要だったことにある。ジーンズの父であるリーバイ＝ストラウスは、ホロやテントのキャンバス生地からズボンをつくったのである。このときのキャンバス生地の多くはヘンプであった。今でもリーバイスから、サークルRなどのヘンプジーンズ・ブランドが2万〜5万円というかなりのプレミアム価格で発売されている。

ヘンプが衣料品として1990年代後半に新しく登場したころは、小売価格でTシャツが6900円と超高級品であったが、最近では2500〜3900円まで下がってきている。

それでも既存のコットンTシャツとくらべれば割高な感はあるが、ヘンプという素材を着こなす＝エコロジーでクールな感じがするという付加価値がある。素材のもつ革新性を大事にしながら、各メーカーともデザインや機能性を追求したこだわりの商品を展開している。

ヘンプを使った商品には、アウトドア用品が多く、メーカーとしては環境保護に熱心なパタゴニア、ヘンプ生地を使った丈夫なカバン・ブランドであるテラパックス、比較的早くからヘンプに取り組んでいるゴーヘンプ、ヘンプ衣料の品数が多いエコリューションなどがある。また、シューズ分野の参入はかなり多く、アディダスやピューマなどの大手シューズメーカーもヘンプ生地を使って、風合いのかっこよさを打ち出した製品をつくっている。

ヘンプのもつ素材のナチュラル志向を大切にしながら、今後もさまざまなヘンプ・ブランドやヘンプ衣料が増えていくことが予想される。

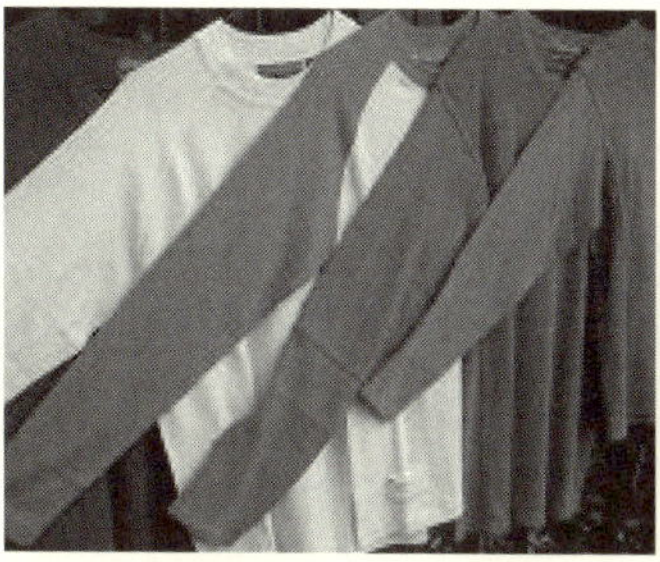
ヘンプ55%、コットン45%の生地のヘンプTシャツ

リーバイスのヘンプジーンズ（サークルRシリーズ）

暮らしにとり入れたいヘンプ製品

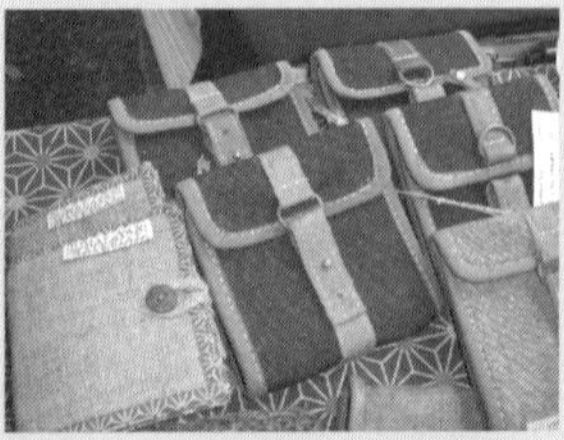

財布

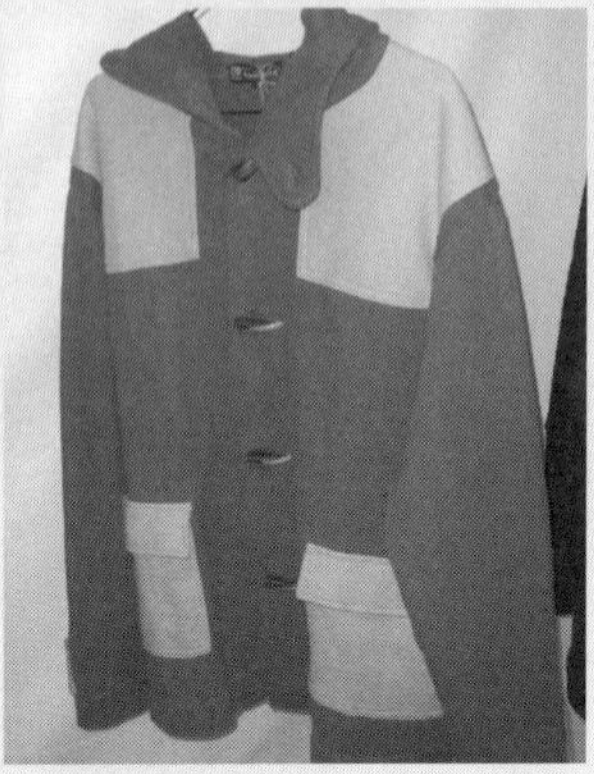

ジャケット

タオル

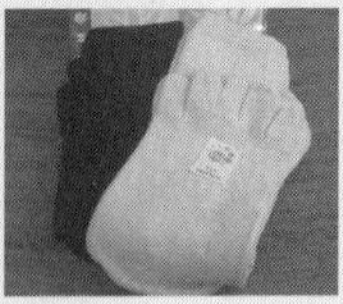

5本指靴下

バッグと帽子

5 麻の実を食べる

古くて新しい麻の実

昔から人々は穀物を食べてきた。主なものは「八穀」と呼ばれ、稲、黍《きび》、大麦、小麦、大豆、小豆、粟、麻の8つで、麻の実も穀物のひとつに数えられている。麻の実は稲作がはじまる何千年も前から食用に用いられてきた。仏教を開いたお釈迦さまも最後の6年間に毎日麻の実と麦だけを食べて生活するという「麻麦《まばく》の苦行」を経て、悟りを開いたという有名なエピソードもある。

中国では、麻の実を麻子仁《マシニン》、火麻仁《カマニン》などと呼び、食用のほか、整腸作用と血糖降下作用のある漢方薬としても利用されており、世界でもっとも古い薬学書である『神農本草経』では、生命を育むもの、長期間飲んで健康を保つものとされている。麻の実のタンパク質や脂肪酸などが非常に健康によいことから、最近、ヨーロッパやアメリカなどで市場が広がっている。

麻の実が大豆や小麦ほど利用されてこなかったのは固い殻があったためで、その固い殻をとりのぞく技術が1990年代後半に開発された。固い殻をとりさった麻の実ナッツはクルミのような味がして、そのままでもおいしく食べられるし、料理に使いやすくなった。

日本では、麻の実は、七味唐辛子の中の一味として、多くの人が、知らない間に食べている。七味唐辛子は、江戸時代にあるからし屋さんがその調合を発明したのだが、そのときから麻の実は入っている。そばやラーメン、おでん、焼き鳥などに使われる七味唐辛子は、世界に誇れるジャパニーズ・スパイスなのだ。

ほかにも麻の実は、いなりずしやがんもどきにも入っている。現在に伝えられている郷土料理の中にも麻の実は登場する。

殻付の麻の実(左)と麻の実ナッツ(右)

＊麻の実の郷土料理＊

おいなりさん	炒った麻の実を酢飯に混ぜる（大阪府）
油味噌	野菜、油、味噌とともに麻の実を入れて煮る（長野県）
麻の実の野菜煮	炒ってよくもんだ麻の実をすり鉢ですり、煮上がった野菜の上にかける（長野県）
がんもどき	麻の実を炒って粗《あら》くつぶしたものを一緒に豆腐の中に入れる（長野県）
しろはたずし	空炒りした麻の実を使う魚の保存食（鳥取県）
あじのこはだ	炒った麻の実をおから、酢、砂糖、塩と混ぜ小あじに詰める（島根県）
飛竜頭	炒った麻の実を使った豆腐料理（島根県）
さばのおまんずし	酢さばの中に入れるおからの煮物に麻の実を入れる（島根県）
あずま	鯛、いわしなどの小魚の中に炒った麻の実とおからの煮物を詰める（広島県）
唐すし	炒った麻の実を酢飯に混ぜこのしろで包む（山口県）
ひろす	麻の実、豆腐、おから、野菜を混ぜて丸めて揚げる（愛媛県）
きらず	慶事の場合のみ、おからの中に炒った麻の実を入れる（愛媛県）
いずみや	おからの中に炒った麻の実を入れいわしや小あじに詰める（愛媛県）
麻の実味噌	炒って皮をのぞきショウガとともに生味噌に混ぜるおかず（高知県）
きつねずし	酢飯の具の代わりに麻の実を入れる（鳥取県）
たぬきずし	いなりずしの３倍の大きさのすし。酢飯の中に麻の実を入れる（大阪府）
蒸し鯛	鯛の中におから、野菜、麻の実を煮つけたものを入れる（高知県）

（『日本の食生活全集（全51巻）』農山漁村文化協会）

麻の実の輸入量

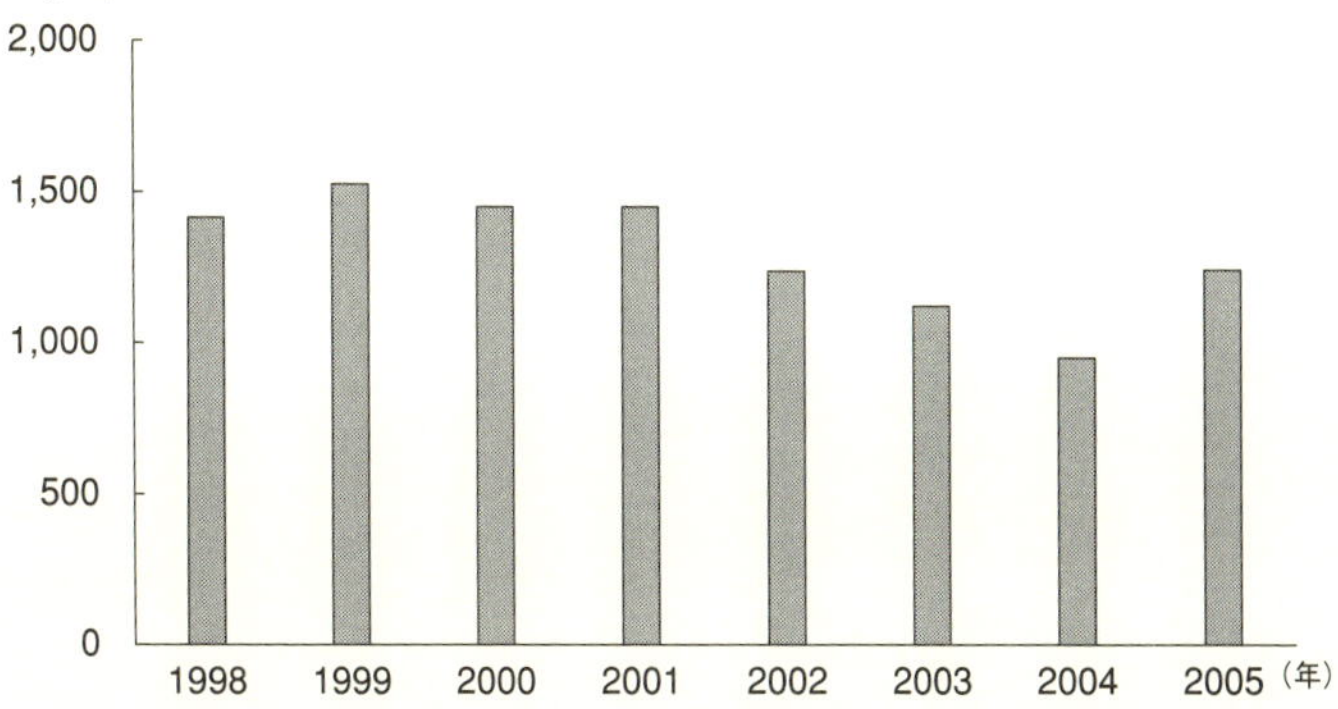

出典：貿易統計より

日本人は飽食なのに栄養失調？

第二次世界大戦後、日本人は、アメリカの食料戦略の影響により、食生活を劇的に変えてしまった。50年間に欧米化が進み、エネルギーでは横ばいだが、動物性タンパク質と動物性脂質が4〜4・5倍にも増えて、逆に炭水化物は7割、食物繊維は6割程度にまで減少している。

エネルギーのもとである脂質、糖質、タンパク質の三大栄養素はとりすぎで、代謝栄養素であるミネラルやビタミン、食物繊維が不足しているのが現状である。せっかくのエネルギー源を十分利用できないという栄養〝失調〟をきた

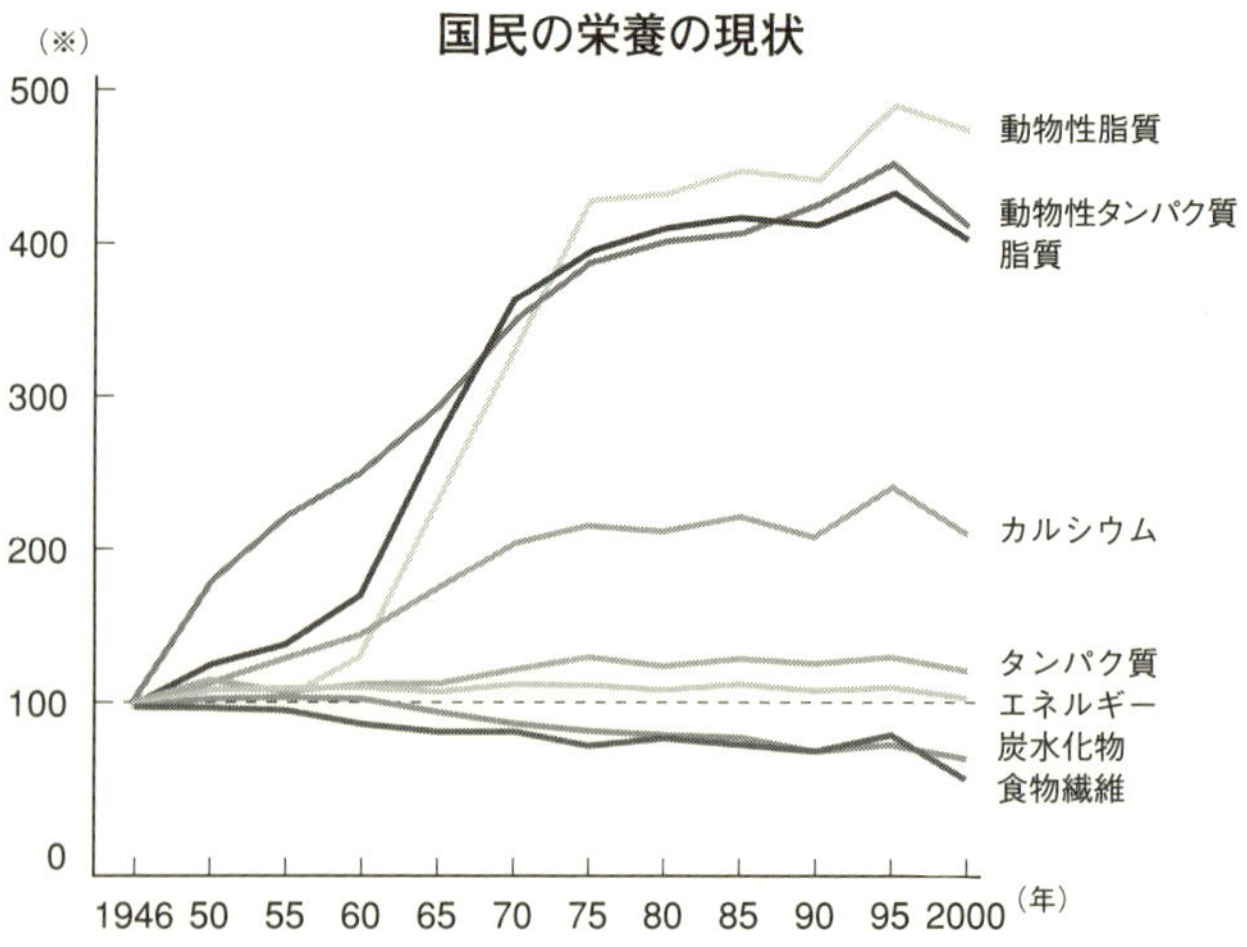

※1946（昭和21）年＝100　ただし、食物繊維は1951年＝100、動物性脂質は1955年＝100としている
出典：『国民栄養の現状　2002版』より

しているのである。そのうえ、代謝不足でエネルギーとして利用されなかった栄養は、脂肪として体内に蓄積されてしまうのだ。

現代食生活での大きな問題は、よくいわれる「栄養バランス」である。問題とされるのは、脂質の飽和脂肪酸やリノール酸の増加、カルシウムをはじめとするミネラルの不足、それに食物繊維の不足なのだ。とくに脂質に関しては、次のようなことが指摘されている。

①化学抽出と水素添加油の氾濫

一般的な食用油は、ヘキサン、ベンジンなどによる薬剤抽出、脱臭、漂白、高熱処理、水素添加によって、使い古しの油よりも酸化し、その多くがトランス脂肪酸にかわっている。そのため、光や熱に弱いα-リノレン酸とビタミンE、β-カロチン、レシチンなどの抗酸化栄養物質が除去された油となっている。また、トランス脂肪酸は冠状動脈疾患（狭心症や心筋梗塞）の危険因子になると指摘されている。

アメリカでは、2006年1月からトランス脂肪酸含有量の表示が義務づけられ、マーガリンやショートニングの使用が制限されている。日本は業界への影響が大きいため、具体的な規制は何もされていない。

②リノール酸の過剰摂取

リノール酸とα-リノレン酸は、体内で合成できないため、食事でとる必要がある必須脂肪酸であるが、現代食では、摂取する必須脂肪酸はリノール酸にかたよっている。とくに市販のサラダ油のような精製植物油は酸化を防ぐために、光や熱に弱いα-リノレン酸を除去しているうえ、もともとリノール酸ばかりを多く含むヤシ油、パーム油が主流となっている。

以前、リノール酸は「コレステロール値を下げて動脈硬化を防ぐ」といわれ消費量が増えたが、今では肥満やアレルギー、血栓などを招くとしてその過剰摂取が問題となっている。近年の研究では、2つの必須脂肪酸はどちらも重要な働きをもち、バランスよくとることがよいとされている。

麻の実は、それら必須脂肪酸のバランスがよく、食物繊維が豊富で、現代人に足りない亜鉛、鉄、銅、マグネシウムなどのミネラルが豊富にあり、栄養価だけをみても、食べなければ損！と思えるほどの食品である。日本人の健康意識が高まり、サプリメント（栄養補助剤）のマーケットがどんどん拡大しているが、麻の実は、ちょうど粒の大きさからも栄養的にも天然のサプリメントといえる。

麻の実タンパクで元気になる

最近、健康のために玄米菜食をしている人が増えている。玄米菜食にすると肉や卵、魚からとっていたタンパク質が不足しがちになる。タンパク質はアミノ酸の供給源で、三大栄養素のひとつとして必ず食べる必要がある。植物性タンパク質というとまず思い浮かぶのは大豆だが、麻の実にもこの大豆と同じぐらいのタンパク質が含まれていて、その割合は意外なことに動物性タンパク源である牛肉や魚や卵よりも多い。

大豆にはアレルギー性物質やタンパク質の吸収を妨げるトリプシン・インヒビターという物質が含まれているが、麻の実には含まれていない。また、麻の実は大豆より消化吸収がよいが、それは麻の実のタンパク質がグロブリン（65パーセント）とアルブミン（35パーセント）の形で存在しているからである。

麻の実のグロブリンはエデスティンと呼ばれ、

麻の実（殻付）の栄養価

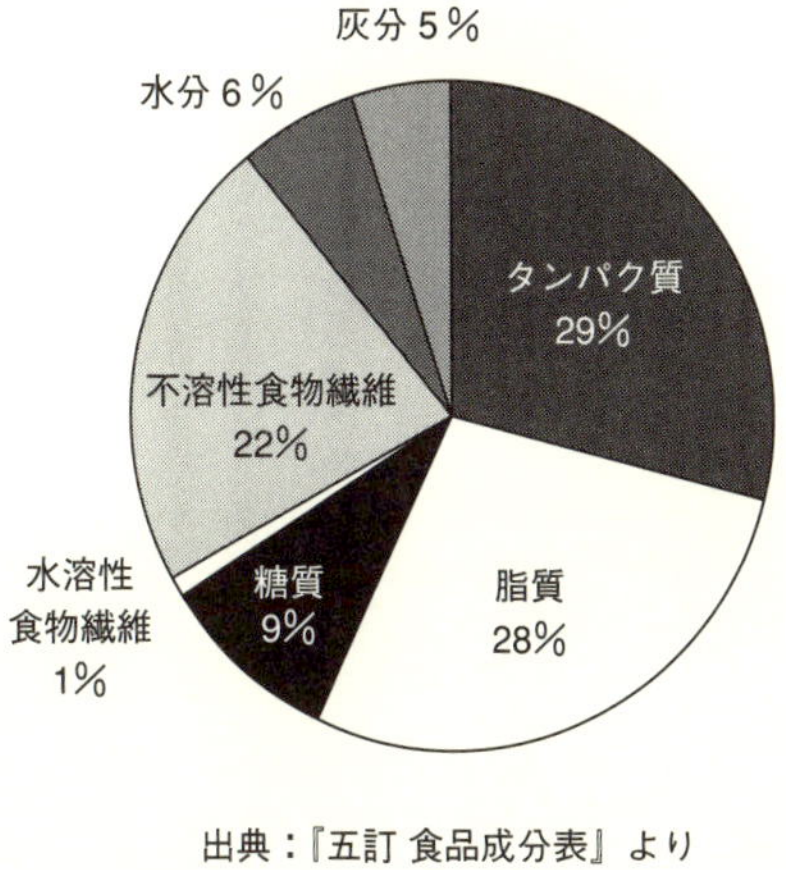

出典：『五訂 食品成分表』より

体内の血漿中にみられるグロブリンに似ているので吸収が早くて利用しやすいのである。しかも、グロブリンやアルブミンは病原体に対する抗体の原料となる。

麻の実には20種類のアミノ酸が含まれている。この中に、からだの中で合成できないアミノ酸、必須アミノ酸8種類がすべて含まれている。体力増強アミノ酸と呼ばれるアルギニン、分岐鎖アミノ酸（ロイシン、イソロイシン、バリン）が多く含まれているのも麻の実タンパク質の特徴である。これらのアミノ酸は肝臓で分解されずに直接筋肉の栄養になるが、年齢とともに吸収率が低くなる。そのため、スポーツ関係者はもちろん、高齢者は十分に補給する必要がある。

また、子どもの成長に不可欠なリジン、アルギニンとヒスチジンというアミノ酸も多く含まれている。麻の実ナッツには約40パーセントのタンパク質が含まれ、麻の実を日常食にとり入れることにより、玄米菜食が陥りやすい栄養素不足を補うことができる。

麻の実の食物繊維でお腹すっきり

便には、人間が消化吸収した食物の残りかすだけでなく、からだの老廃物や毒素も含まれている。そのため、できるだけ速やかに排出しなければ、人間の健康に悪影響を与える。

麻の実は漢方では便秘薬として利用されている。それは麻の実に食物繊維、とくに水に溶けない不溶性食物繊維が22パーセントも含まれていて、それが潤腸通便作用を促すからだ。麻の実の食物繊維は、腸内でほとんど消化されずに、水分を吸収して、もともとの大きさの数倍から数十倍にもふくらむ。これがたくさんあるとカサが大きく、水分を含んだやわらかい便になり、同時に発がん性物質などの有害物質の排出も促進する。

また、食物繊維を十分にとると、よい腸内細菌が住みやすい環境ができる。よい細菌のほうが優勢になり、腸内を弱酸性に保つので、腸内の腐敗が起こりにくくなる。逆に肉食にかたよりすぎて、繊維の摂取が少ないと悪い細菌がはびこり、発がん性物質を含むさまざまな有害物質がつくられやすい。

1日20～25グラム必要とされる食物繊維摂取量は、最近の調査では14・2グラム（2002年国民栄養調査）で、1950年代からみると約60パーセント減少していて、それに反比例して不気味な増加を示しているのが糖尿病や大腸がんである。

例えば、糖尿病は1955年から約50年でなんと50倍、大腸がん死亡率も30年前の4倍にも増えている。糖尿病予備軍も増加の一途であり、その予防の切り札が食物繊維で、今の平均摂取量の2倍、1日30グラムの摂取がすすめられている。食物繊維がカロリーのとりすぎや、コレステロールなどの余分な吸収を防ぐため、糖尿病にも効果があるといわれている。

麻の実の食物繊維はほとんどが殻の部分で、固くて食べにくかったが、麻の実を粉にした食品を利用して、パンや麺に混ぜれば、胃腸を潤す食べ物に変わるのである。

ヘンプオイルは必須脂肪酸バランスがよい

ヘンプオイルは、麻の実からとれる種子油である。麻の実には、約3割のオイルが含まれ、体内で合成できない2つの必須脂肪酸、リノール酸とα-リノレン酸が3対1とバランスよく含まれている。厚生労働省やWHO（世界保健機関）では4対1の割合で摂取することを推奨している。この割合にもっとも近い植物油がヘンプオイルなのである。ヘンプオイルは、食用だけでなく化粧用にも使える。くわしくは、第6章「ヘンプオイルで美しくなる！」で紹介する。

ミネラルとビタミンをバランスよく含む

現代の日本人の食生活では、従来から指摘されていたカルシウムだけでなく、多くのミネラルが所要量に達していないことが、2001年の国民栄養調査で判明した。成人の平均摂

麻の実のミネラル（mg）

	麻の実	大豆	玄米	ソバ	所要量
ナトリウム	2	1	1	1	3,900
カリウム	340	1,900	230	390	2,000
カルシウム	130	240	9	12	600
マグネシウム	390	220	110	150	300
リン	1,100	580	290	260	700
鉄	13.1	9.4	2.1	1.6	10
亜鉛	6.0	3.2	1.8	1.4	12〜10
銅	1.30	0.98	0.27	0.38	1.8〜1.6

出典：『五訂 食品成分表』より

麻の実のビタミン

	麻の実	大豆	玄米	ソバ	所要量
脂溶性					
ビタミンA（カロチン）（μg）	20	6	Tr	0	600
ビタミンD（μg）	0	0	0	0	2.5
ビタミンE（mg）	4.0	3.6	1.3	0.2	10.8
ビタミンK（μg）	50	18	0	0	65〜55
水溶性					
ビタミン B_1（mg）	0.35	0.83	0.41	0.42	1.1〜0.8
ビタミン B_2（mg）	0.19	0.30	0.04	0.10	1.2〜1.0
ナイアシン（mg）	2.3	2.2	6.3	4.3	16〜13
ビタミン B_6（mg）	0.39	0.53	0.45	0.35	1.6〜1.2
ビタミン B_{12}（μg）	0	0	0	0	2.4
葉酸（μg）	81	230	27	23	200
パンテノン酸（mg）	0.56	1.52	1.36	1.53	5
ビタミンC（mg）	Tr	Tr	0	0	100

出典：『五訂 食品成分表』より

取量を所要量とくらべてみると、加工食品に多いリンやナトリウムは多いが、カルシウム、マグネシウム、鉄、亜鉛、銅といったミネラルはのきなみ所要量を満たせず、80パーセント程度しかとれていない。ミネラルは、どれかひとつをたくさんとればよいというものではなく、お互いが協力しあって働くのでとくにバランスが大切である。

麻の実は、国民栄養調査が指摘するミネラルのすべてが豊富に含まれている。例えば、骨や歯の形成と成長に欠かせないマグネシウムとカルシウムが多い。また、血液中のヘモグロビンの構成成分であり酸素の運搬に重要な鉄や、ヘモグロビンの合成や骨や血管壁を強化する銅も多く含まれている。そのため麻の実は、貧血の90パーセントの原因となっている鉄欠乏に非常に有効であると考えられる。さらに味覚異常、脳機能活性化、生殖能力に関係が深い亜鉛も豊富にある。

ビタミンの成分では、活性酸素からからだを守り、生活習慣病や老化を防ぐビタミンE、止血や骨粗しょう症の予防・治療に有効な成分として注目されているビタミンK、赤血球や細胞の新生に不可欠な葉酸を多く含んでいる。

麻の実には現代人が摂取しにくいミネラル・ビタミン群がバランスよく含まれていることがわかる。

このように麻の実の栄養価をみると、タンパク質、脂肪、食物繊維、ミネラル、ビタミンをバランスよく含む完全栄養食品のひとつといえる。栽培段階でも雑草や害虫に強いため、無農薬で栽培でき、消費者は環境汚染や残留農薬を心配する必要がない。そして、栄養補助的に摂取するのではなく、おいしく日常的な食生活にとり入れられるのが最大の魅力である。

麻の実料理と加工食品

一口に麻の実といっても、①麻の実ナッツ、②麻の実（殻付）、③麻の実粉、④ヘンプオイルの4つの形があり、麻の実ナッツからは、⑤麻ミルクと⑥麻おから（大豆の豆乳とおからと同じようなもの）ができ、合計6種類ある。これらを上手に組み合わせて、日常の家庭料理にとり入れていくのが麻の実料理の極意なのである。

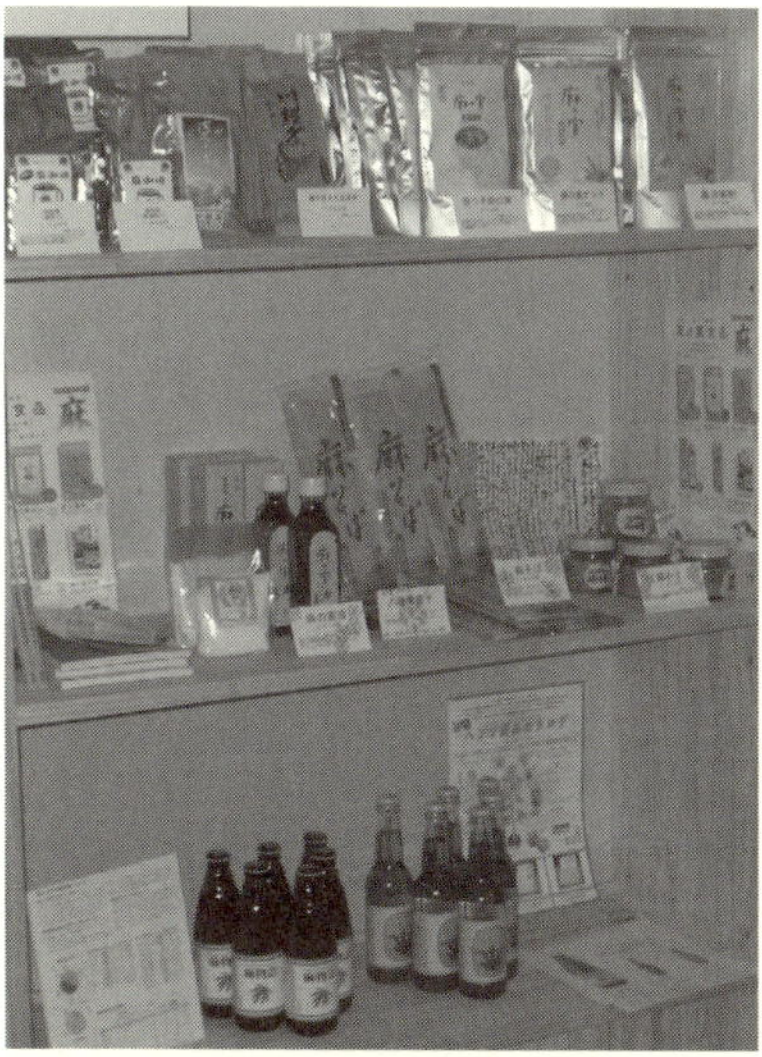

日本で市販されている麻の実食品の例
上段：左から川根茶麻の実入り、麻コーヒー、ヘンプオイル
中段：麻の実（殻付）、麻の実ナッツ、麻の実粉、八味唐辛子、麻そば、麻みそ、
下段：麻ビール「麻物語」、ノンアルコールタイプ「麻物語」

麻の実ナッツ

麻の実の殻をむいたもので、外観は白ゴマ、味はクルミの実の味。ごはんやサラダにふりかけたり、パンやお菓子の材料に混ぜたりなど、麻の実食材の中でもっとも使いやすい。

麻の実（殻付）

全粒タイプのもの。昔からいなりずしやがんもどきなどに混ぜて使ってきた食材。軽くフライパンで炒めると香ばしい香りになり、カリカリとした食感を楽しみながら、おいしく食べることができる。

麻の実粉

麻の実から油をしぼったあとのものを細かく挽いた種子粉。油分が5～10パーセント、残りがタンパク質と殻だった部分。小麦粉やライ麦粉に混ぜて、焼き菓子に使うのが一般的。ただし、麻の実粉にはグルテン（水分を含んでいて糊状になる成分）が含まれていないのと麻の実粉独特の風味が強く出るので、レシピ全体の量の5分の1以下にしておこう。

ヘンプオイル

低温圧搾法でしぼった未精製のヘンプオイルは、きれいな薄緑色。サラダのドレッシング、マヨネーズ、マリネをつくることができる。軽い炒め物用のオイルにも使える。ただし、ヘンプオイルは１６５度で煙が出てくるので天ぷらなどの揚げ物用オイルに使うのは厳禁。

麻ミルク

麻の実ナッツを水と一緒にミキサーにかけて、ゆっくりと低温で煮だすと簡単にミルクができる。お粥、スープ、ドリンクなどに混ぜて、隠し味的に使うことができる。

麻おから

麻の実ナッツを水とミキサーにかけて、ゆっくりと低温で煮だすとミルクができ、それを布でこすとおからができる。大豆から豆乳とおからができるように、麻の実もミルクとおからになる。

毎日の簡単な麻の実料理レシピ

釈迦ごはん

米　麦（はと麦）大さじ3を足して3合
麻の実ナッツ　大さじ2

これらの材料を入れて、炊飯器で炊くだけ。

お釈迦さまは麻の実と麦を食べて6年間修行したという。麻の実と麦だけで大丈夫?と思われるかもしれないが、毎日食べているご飯に麻の実と麦を加えることで、栄養価がグンと上がり、コクのあるおいしいご飯に炊き上がる。

麻ゴマ和え物

麻の実ナッツ　大さじ2
ゴマ　大さじ2
砂糖　小さじ1
醤油　小さじ1
味噌　小さじ1

釈迦ごはん

からし　小さじ2分の1
だし汁　大さじ1
麻の実ナッツ、ゴマは空炒りして油が出ないように軽くすり、醤油、砂糖、味噌、からし、だしと混ぜ、ゆでた青菜と和える。麻の実ナッツはゴマ感覚で使えるのでとても使いやすい。

ナッツバター

これぞ麻の実ナッツの醍醐味！　麻のパワーを味わえる甘くておいしいナッツバター。
麻の実ナッツ　50グラム
ヘンプオイル　小さじ1
ミキサーまたはすり鉢でペースト状になるまでする。
バターなどのかわりにパンに塗って食べたり、ディップをつくったり、スープやソースのコクを出すのに使ったりすることもできる。つくったバターは、ガラス瓶に入れてフタをしっかりと閉め、冷蔵庫に保管すれば1カ月は大丈夫。

もっとくわしい料理方法を知りたい方は、『体にやさしい麻の実料理』を参照してほしい。普段の家庭料理を中心に60レシピを掲載した、料理の写真が素敵なカラーの料理本だ。

“ヘンプ・レストラン麻”の挑戦

1998年8月15日、東京・下北沢に麻の実料理専門店が開店した。七味唐辛子、いなりずし、がんもどきでしか食べる機会がなかった麻の実に革命をもたらしたといってもよい店である。

当時は、麻の実をどのように料理すればよいかの参考となるレシピ集もなく、すべての料理が試行錯誤であったという。2005年1月からは、店の内装も麻壁にリニューアルし、美肌、ヘルシー、スタミナという3種類のプレートメニューが食べられる。麻の実のお酒やオリジナルカクテルも充実しており、麻づくしのお店である。

客層は7割が女性であり、健康やオーガニックにこだわりのある人には大人気のお店である。麻の実料理というめずらしさと栄養価の高さからさまざまなマスコミに取り上げられることが多く、麻の情報基地として機能している。本書を読んで麻のことに興味をもったら、ぜひ行ってみよう。きっと自慢できますよ。

“ヘンプ・レストラン麻”のプレートメニュー
麻の実100％の麻豆腐、サーモンのヘンプオイルマリネ、麻の実ナッツとごぼう炒めなど多彩な麻の実料理が味わえる

6 ヘンプオイルで美しくなる！

化粧用オイルと食用オイルを併用しよう！

ヘンプオイルには、化粧用と食用があり、この2つは精製の度合いが異なる。

食用オイルは、低温圧搾でていねいにしぼられ、種子の風味やビタミンや微量栄養素を残すために未精製、つまりしぼり立てで何も手を加えていないものである。ヘンプオイル独特の風味があり、薄緑色をしているのが特徴である。

一方、化粧用オイルは、食用オイルを活性炭などで精製したオイルである。食用オイルは肌につけるとややべとつき、臭いが気になるが、化粧用は透明でさらさら感があり、臭いもさほど気にならず、オイルマッサージ用にはもちろん、精油を入れればアロマテラピーのべースオイルにも使いやすいようになっている。

ヘンプオイルで血液サラサラ・肌をきれいに

脂肪と聞くとすぐに悪者と決めつけてしまいがちだが、脂肪は人間の健康になくてはならないものだ。食べすぎると脂肪がついて肥満になるように、人間のからだは食物から脂肪をつくることができる。しかし、体内ではつくれず、食べ物から摂取しなければならない脂肪もあり、それを必須脂肪酸と呼ぶ。

必須脂肪酸にはリノール酸とα‐リノレン酸の2種類があり、この2種類の必須脂肪酸はホルモンと同じような働き方をするが、2つの作用は正反対である。例えばリノール酸は血液を固め、α‐リノレン酸は血液をやわらかくする。つまりこの2種の脂肪酸はバランスよくとらないとかえってからだに害を与える。

ヘンプオイルの美肌効果

成　分	塗る作用	食べる作用
リノール酸	皮膚の水分量を保持するセラミドを補う	
α-リノレン酸	皮膚の新陳代謝を活発にする血行促進作用、殺菌と消炎作用により皮膚を清潔に保つ、抗アレルギー作用	血液をサラサラにする、細胞の発がんとがん転移を抑制する
γ-リノレン酸	アトピー性皮膚炎などの皮膚障害の改善	皮膚の脂肪酸組成の変化を抑える

厚生労働省ではリノール酸とα-リノレン酸を4対1の割合でとることを推奨している。ところが、一般的に売られている大手食糧油会社の製品のほとんどは、リノール酸が多い。一昔前までは、「植物性のリノール酸でできたマーガリンだから健康にいい」などと宣伝されていたが、現在では、リノール酸過多が生活習慣病やがんの原因になることが常識になっているため、リノール酸という言葉をほとんど聞かなくなってしまった。そのかわりに出てきたのがオレイン酸。これは必須脂肪酸ではなく、それほど重要な脂肪酸ではない。現代人にとって重要なのは、α-リノレン酸なのである。

α-リノレン酸をとることにより、リノール酸過多が一因といわれている高血圧、肥満、認知症、糖尿病、高コレステロール血症、心臓病、結石症、アレルギー、潰瘍などの多くの現代病や生活習慣病の予防及び改善が期待できるといわれている。

麻の実には約30パーセントの脂肪酸が含まれているが、オイルにした場合は、その約80パーセントが必須脂肪酸で、すべての植物油の中でもっとも多い。

リノール酸のほうは大部分の種子油に含まれているが、α-リノレン酸を必要量含んでいるものとなると、亜麻《あま》（58パーセント）、麻の実（20パーセント）、菜種（11パーセント）と大豆（8パーセント）に限られる。

ヘンプオイルがこれらの油とくらべて非常に特徴的なのは、γ-リノレン酸が2〜4パーセントも含まれている点だ。γ-リノレン酸は、生理活性物質の材料となり、血圧、血糖値、コレステロール値の降下、及び血栓の解消により血液の流れをよくする作用がある。乳幼児やお年寄り、糖尿病でインスリン不足の人などにγ-リノレン酸の合成が十分でない傾向があり、ヘンプオイルを毎日テーブルスプーン1~2杯摂取すると症状改善に役立つことが明らかになっている。

数年前、フジテレビのニュースで中国のある長寿村を取材したことがあったが、100歳を超える健康な長寿者が多いこの村では、麻の実を常食する習慣があることがわかった。ヘンプオイルには、血液をサラサラにする作用があるため、脳卒中や心臓循環系の病気が少ないからだと考えられる。

リノール酸、α-リノレン酸、γ-リノレン酸は、胃腸管と粘膜を通じて血液循環に入り、さらに毛細血管を通って皮膚に達する。そこで細胞膜にとりこまれ、微量成分は細胞膜を保護していく。この結果、皮膚の状態は明らかによくなる。とくに乾燥肌を治し、皮膚の老化を防ぐためには、リノール酸とγ-リノレン酸を摂取することが重要である。リノール酸は通常の食事で十分に摂取できるが、α-リノレン酸とγ-リノレン酸まで同時に摂取するには、ヘンプオイルが適している。

食用油の脂肪酸組成（100g当たりの％）

	必須脂肪酸		他の脂肪酸			多価不飽和脂肪酸率	n-6/n-3
	n -6系	n-3系	n-6系				
	リノール酸	α-リノレン酸	γ-リノレン酸	オレイン酸	飽和脂肪酸		
ヘンプオイル	56	20	3	12	9	80	3：1
亜麻仁油	14	58	0	19	9	72	1：4
エゴマ油	13	62	0	16	6	75	1：4
サフラワー油	76	0	0	14	10	76	—
ひまわり油	71	1	0	16	12	72	71：1
コーン油	57	1	0	29	13	58	57：1
大豆油	54	8	0	23	15	62	8：1
綿実油	54	0	0	19	27	54	—
ゴマ油	45	1	0	39	15	45	45：1
ピーナッツ油	33	0	0	48	19	33	—
菜種油	21	11	0	61	7	33	2：1
パーム油	10	0	0	39	51	10	—
オリーブ油	9	1	0	75	15	10	9：1
ラード	9	1	0	47	43	10	9：1
バター	3	1	0	28	63	4	3：1
牛脂	2	1	0	49	48	3	2：1
ココナッツ油	2	0	0	7	91	2	—

出典：Hemp Food and Oil for Health,HEMPTECH,1999

ヘンプオイルは低温圧搾法でしぼる

市販の食用油は、石油溶剤であるヘキサンで抽出し、種子のもつ風味やミネラル、ビタミン類を除去している。いわば、単なるエネルギー源としてのオイルでしかない。食用のヘンプオイルは、国内の搾油所で低温圧搾法によってしぼっている。低温圧搾法とは、搾油機で原料を55度以下に保ってしぼる製油方法である。精製をせず、このようにしぼっただけの油には種子特有の風味や脂溶性ビタミン、そのほかの抗酸化物質、微量栄養素などが残っている。

低温圧搾法では油のとれる量が限られるが、酸化物を最低限に抑えることができ、味もよい。ヘンプオイルには、必須脂肪酸が多いため、光と酸素に触れないようにガラス瓶に入れ、箱の中に入れられている。

ダイエットにはヘンプオイルが最適

美容と健康のためにダイエットを試みる人たちの多くは、油を控えるようにする。しかし、もともと摂取の少ない α-リノレン酸の摂取が減るため、健康を損ない、身体が弱ったり病

普通の食用油とヘンプオイルとの違い

項目	普通の食用油	ヘンプオイル
原材料	サフラワー、菜種、ひまわり、コーン、大豆など	ヘンプの種子(麻の実)
栽培方法	農薬・化学肥料に頼った農法 脂肪は、残留農薬や有害物質を貯め込みやすい性質をもつ	有機栽培、無農薬栽培 元来、生命力の強い作物のため、除草剤、殺虫剤、土壌消毒剤などは使わない
製造工程	高温状態での溶剤抽出法 石油系溶剤ヘキサンでの抽出 からだに有害なトランス脂肪酸が発生	低温圧搾法 昔ながらの圧搾機による搾油 脂肪酸がそのままの状態 化学薬品不使用
精製	脱酸→脱ガム→脱色→脱臭 風味、微量栄養素、ビタミン類を除去してしまう	未精製 種子本来がもつ風味、微量栄養素、ビタミン類がそのまま含まれている
容器	透明なプラスチック容器 軽くて見た目がよいという理由で使用	箱の中に入ったガラス瓶 必須脂肪酸が多い油なので、光による劣化を防ぐために必要
保存	冷暗所においておく 保存食品だと認識されている	開封後は冷蔵庫に入れておく 油は本来、生鮮食品です!
風味と色	無味・無臭・透明感のある黄色 原料の種子の特徴がなくなっている	アーモンドのような風味・薄い緑色 原料の種子の風味が生かされている
料理法	ドレッシング、炒め物、揚げ物 てんぷら油に向いている	ドレッシング、炒め物、飲む(1日スプーン1杯) 165℃になると煙が出るので、てんぷら油には適さない
栄養価	単なるエネルギー源でしかない とりすぎると肥満になる	①必須脂肪酸が豊富でバランスがよい オイル80%が必須脂肪酸 リノール酸とα-リノレン酸が3:1という割合 絶対量が不足しているα-リノレン酸がとれる ②γ-リノレン酸、ステアリドン酸含有 これらは他の植物油にないめずらしい貴重な脂肪酸で、からだのあちこちを調節する生理活性物質の原料となる ③必須脂肪酸が主体なので肥満になりにくい
人のからだにとって	摂取すればするほどリノール酸過剰摂取となり、アレルギーをはじめ、肺がん、乳がん、大腸がん、前立腺がん、すい臓がんなどを促進する危険性が大きい	必須脂肪酸は、細胞膜の合成に不可欠であり、うまく供給されないと、ひとつひとつの細胞に不具合が生じる。60兆の細胞で構成されるからだの健康は、細胞が健康であることが絶対的な条件である

気になったり、結局はダイエットに失敗してしまう場合が多いのではないだろうか。

ヘンプオイルは、80パーセントが必須脂肪酸で、すべての植物油の中でもっとも多く、しかもリノール酸とα-リノレン酸の割合がWHO（世界保健機関）や厚生労働省の推奨する4対1にもっとも近い油である。3対1で、ややα-リノレン酸の割合が多いが、もともと不足しているα-リノレン酸の補給につながる。

実は、このα-リノレン酸は、体内に入るとEPA（エイコサペンタエン酸）やDHA（ドコサヘキサエン酸）に変わる。これがFAS（脂肪酸合成酵素）の働きを抑制し、新しい脂肪の合成を防ぐだけでなく、血中脂肪酸の分解を進める酵素の働きを活発化することが明らかになったのである。脂肪の合成を抑えるとともに脂肪の燃焼を促進するという二重の作用で肥満の解消役に役立つのである。

脳の機能の維持にも役立つ

脳は、重量にすると60パーセントが脂質で構成され、そのうちDHAが10パーセントを占める。DHAは、青魚に含まれているEPAと並んで注目されている健脳成分で、脳の発育や機能維持に重要な役割を果たしている。DHAやEPAの成分の生みの親が、ヘンプオイルに多く含まれるn−3系列の脂肪酸であるα−リノレン酸である。

最近の研究では、魚を食べない人の脳内の細胞膜は硬くなり、神経伝達物質を伝えられなくなることが明らかになっている。人の脳には、ニューロンと呼ばれる神経細胞の突起の先端にDHAが存在している。ニューロンの突起がつながって神経回路となり、情報伝達が行なわれているが、DHAが不足すると情報伝達がうまくいかなくなり、学習能力や記憶能力に影響を与える。

健康と美容のために1日スプーン1杯を！

世界三大医学のひとつインドのアーユルヴェーダ医学では、アーマ（未消化物）やマラ（老廃物）や過剰なドーシャ（構成要素）を排除するために、パンチャカルマ（5つの療法）を施す。排除すべきこれらのものを総称する適当な言葉が医学用語にみあたらないため、ここでは「毒素」という言葉を用いることにする。

アーユルヴェーダ医学では、老化の原因は、からだの中に毒素が蓄積していくことにあると指摘している。お肌の老化はもちろんのこと、腫瘍やがんの発症にいたるまで、過剰な活性酸素が細胞を傷つけ活性化脂質を生成し、連鎖反応的に毒素を増やしていくのである。

インド医学やギリシャ医学において、各種の油剤療法が実施されてきたのは、油溶性の毒素を純粋な油で溶かしだすのが目的なのである。汚れたからだに高価な健康補助食品を与えても、いろいろな治療を施しても期待した通りの効果は現れてこない。そこで、毒素を抜くための浄化方法のひとつとして浄化クア療法と呼ばれるものがある。

これにはさまざまなレシピがあるが、一番簡単なのは、テーブルスプーン1杯のヘンプオイルを毎朝飲むことだ。一般的な日本人にはオイルを飲む習慣がないので、はじめは抵抗があるかもしれないが、上品なアーモンドナッツのような味がするので、何回か試せば、おいしく感じられるようになるだろう。

健康維持のために、1日スプーン1杯を実践してみてはどうだろう。

スキンケアには、ヘンプオイル

必須脂肪酸とヘンプオイルをよりよく理解するために、皮膚の構造とさまざまな働きについてみてみよう。皮膚は、感覚器官や体温の維持としての役割だけでなく、過度な水分の損失を防ぎ、細菌やウイルスの病原体や異物の侵入を防ぐバリアとしての重要な機能をもっている。スキンケア化粧品のもっとも重要な機能は、皮膚のバリア機能を回復させ、それを保持し、さらに強くすることである。

健康な皮膚は、皮膚組織にある水分量によって決まる。健康な皮膚は、水分量が多く弾力があるが、弱った皮膚や老化した皮膚は、水分量が少なくかさかさしている。水分の保持は、約0・2ミリの皮膚表面の薄い層である表皮によって行なっており、水分の発散を防いでいるのは、表皮の一番外側にある角質層である。表皮では、基底細胞で細胞増殖が行なわれ、新しく生まれた細胞は、古い細胞を押し上げ、押し上げられた細胞は、最後に皮膚表面の角質層から垢として剥離する。表皮の細胞は、約28日で角質層を形成し、それからまた14日ほどで自然にはがれ落ちる「角化」を常にくり返している。これがよく耳にする、肌のターンオーバーである。

表皮細胞は、ステロール、脂肪酸そしてセラミドなどの脂質にくっつき、異物の出入りを防ぐバリアの役目がある。バリアの機能が低下すると、水分も保持できなくなり、皮膚が乾燥するようになる。このバリアの弱体化は、太陽の紫外線による皮膚刺激、乾燥した空気による脱水、石鹸などの洗剤の過度な使用や有機溶剤の使用による脂質の減少

皮膚の構造

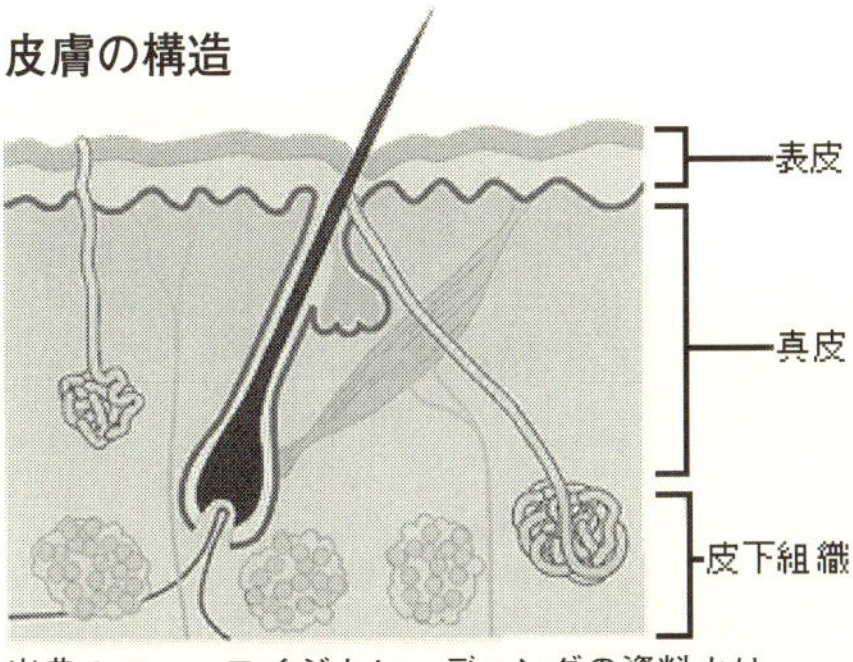

出典：ニューエイジトレーディングの資料より

などで引き起こされる。

　老化や糖尿病による細胞の代謝力の低下も、バリアが弱体化するもうひとつの要因だが、それは、表皮細胞の脂肪酸組成の変化によって起こる。脂肪酸組成の変化により皮膚が薄くなり、皮膚からの水分損失を加速させる結果、乾燥してざらざらした傷つきやすい皮膚になってしまうのである。この脂肪酸組成の変化は、主にγ-リノレン酸の不足により引き起こされる。

　細胞を固めているセラミドは、バリアを維持するために非常に重要な物質で、必須脂肪酸であるリノール酸からつくられる。細胞膜の脂肪酸組成の変化による表皮の基底細胞での代謝や細胞増殖の低下は、セラミド含量の減少につながる。

　つまり、乾燥肌を治し、皮膚の老化を防ぐためには、γ-リノレン酸とリノール酸を補給する必要がある。リノール酸は、通常の食事で十分に摂取しているのでとくに補給を気にしなくてよいが、γ-リノレン酸は、意識して補給する必要がある。

　γ-リノレン酸を補給するには、γ-リノレン酸を2〜4パーセント含むヘンプオイルを

表皮の構造

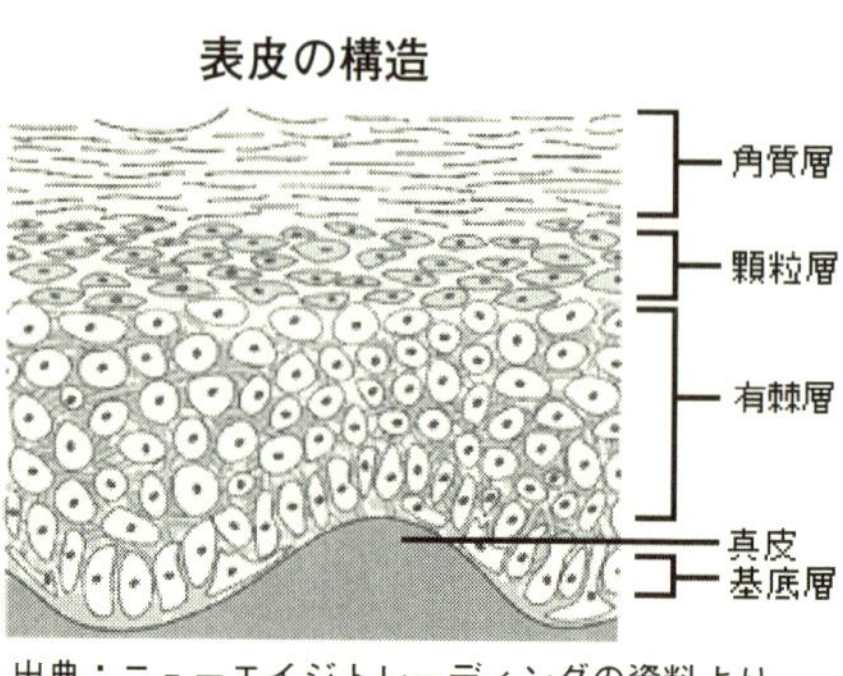

出典：ニューエイジトレーディングの資料より

食事の形で摂取するか、ヘンプオイルを使った化粧品を毎日使用することだ。γ―リノレン酸やα―リノレン酸、ＥＰＡを補給することで、アトピー性皮膚炎やほかの多くの皮膚障害が改善されるという研究報告が多数ある。

ヘンプオイルでマッサージ

お風呂上がりや寝る前の肌のマッサージは、美しい肌を維持するのにとても大切だ。必須脂肪酸が豊富なヘンプオイルは、皮膚から容易に吸収され、しかも皮膚にとどまる時間も長い。

つまり、ヘンプオイルは、浸透力と保湿性に優れたマッサージオイルである。

次ページのグラフは、α―リノレン酸と魚油に多く含まれるＤＨＡ、オリーブオイルの主成分オレイン酸をそれぞれ塗布した場合の、皮膚へのとどまりやすさを明らかにしたものである。α―リノレン酸を20パーセント含むヘンプオイルは、オイルの滞留量が多く、保湿性が高いことがわかる。

また、ヘンプオイルを肌に塗ってマッサージをすると、５分ぐらいで皮膚にスッと入っていく。これは、ヘンプオイルに含まれるα―リノレン酸の浸透力の強さのためである。

肌にしみこむ力

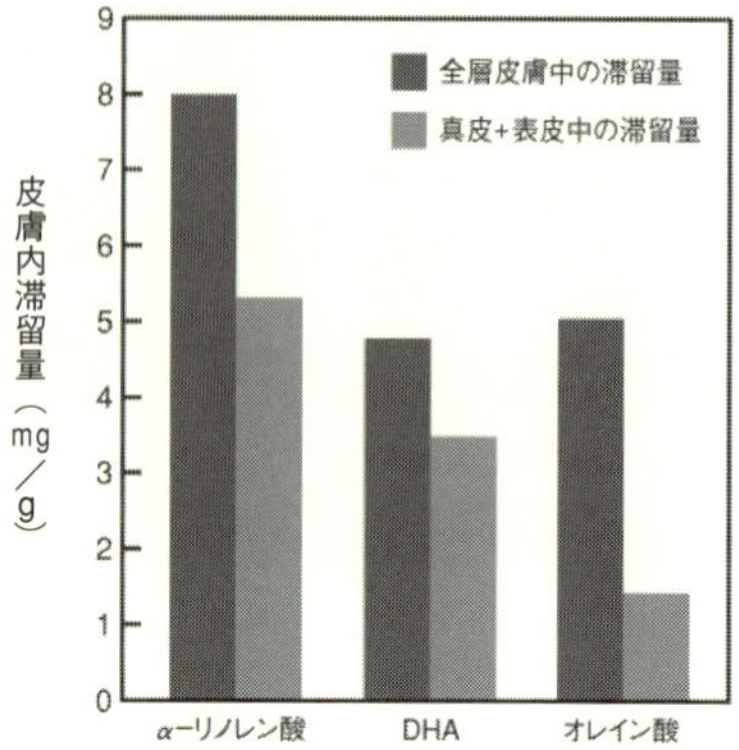

それぞれの脂肪酸を5%混ぜたエタノール溶液3gを皮膚に塗り、78時間でどれだけ浸透したかを示す。
出典：『ヘンプオイルのある暮らし』より

肌にとどまる力

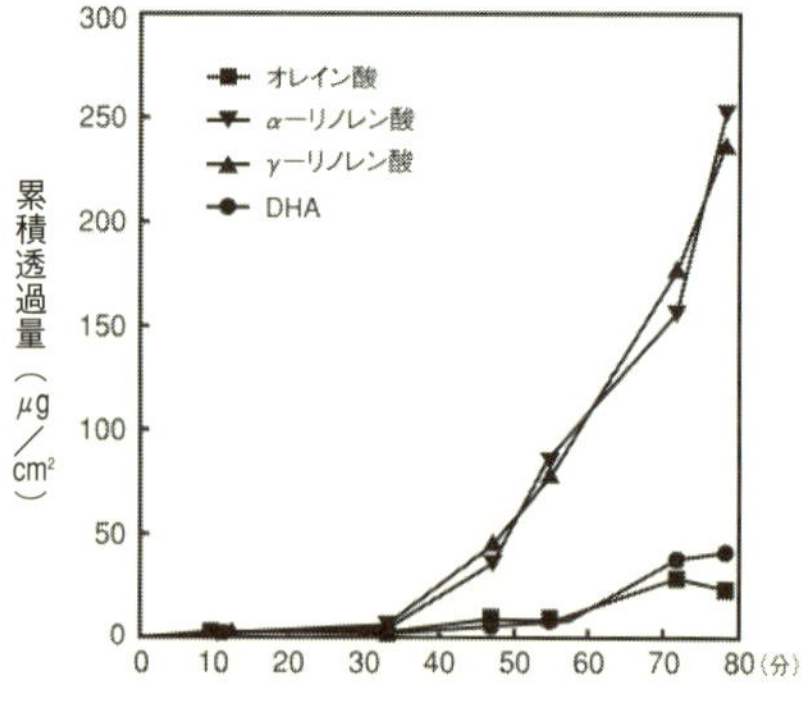

それぞれの脂肪酸を5%混ぜた親水軟膏（油分と水分が混ざっているクリーム状の軟膏）3gを肌に塗り、78時間後にどのくらい皮膚内部に残っていたかを示す。
出典：『ヘンプオイルのある暮らし』より

マッサージオイルの配合は、ヘンプオイル１、オリーブオイル１、ゴマ油またはホホバ油１の割合にするとよいだろう。

ローズマリーの精油とアスコルビン酸（ビタミンC）のどちらか一方か、両方混ぜて少量加えると、日もちがよくなる。

ヘアケアにヘンプオイル

ヘアケアにおけるヘンプオイルの効果も大きい。シャンプーやコンディショナーに使うと、ヘンプオイルの脂肪酸成分の潤い効果が頭皮に働き、フケ症の頭皮の乾燥やかゆみを和らげる。髪の毛自体は死んだ細胞でできているので、日光やドライヤーの熱、脱色やカラリングやパーマに使用されている化学物質にさらされると、次第にハリのない弱い髪になる。

ところが、ヘンプオイルをヘアケアに使えば、脂質の働きで、まとまりやすく丈夫で輝きのある髪になるのである。また、中国の文献『本草綱目』では「桐の葉一束と麻の実5リットルあまりを米のとぎ汁で5〜6回沸騰するまでじっくり煮こみ、そのエキスで毎日髪を洗えばよく育つ」というようなことが書いてある。この文献をみるかぎり、麻の実を煮こむと出てくるヘンプオイルが、髪や頭皮によい影響をもたらすことがわかる。

使い方は簡単で、ヘンプオイルを少量手にとって、直接、髪になじませたり、シャンプー後にヘンプオイルとコンディショナーを混ぜて、頭皮をマッサージする。

ヘンプオイルを使ったスキンケア商品
ニューエイジトレーディングの“シャンプルシリーズ”

7 ヘンプでつくる癒しの空間

麻の蚊帳

麻の繊維を利用したもので、歴史の古いもののひとつに蚊帳がある。

日本では『播磨国風土記』の、応仁天皇が播磨の国を巡幸の際に、賀野《かや》の里《さと》という所で殿をつくって蚊帳を張った、という記録が蚊帳のはじまりとされている。

稲作＝水田＝蚊の発生＝蚊帳の誕生となるのだろうが、蚊帳が本格的につくられはじめたのは奈良時代後半から平安時代のはじめにかけてのことであり、唐から手法が伝わり、蚊帳の材質は絹や木綿《もめん》だったようだ。これは「奈良蚊帳」と呼ばれていたが、室町時代に入ってこの「奈良蚊帳」の売れ行きに目をつけた近江国（現在の滋賀県）の八幡の商人が、麻の糸を織らせて生産をはじめたのが「八幡蚊帳」と呼ばれた蚊帳だった。なぜ、近江八幡地方だったかというと、琵琶湖の湿気が蚊帳を織るのに適していたからだ。湿気が十分でないと蚊帳の縦糸が切れやすいのである。

1566年は、有名なふとんメーカー、西川の創業の年とされている。初代西川仁右衛門が19歳で蚊帳・生活用品販売業を開業し、その後1587年、近江八幡町に本店山形屋を開業したのがはじまりである。このころの蚊帳は、上流階級だけの贅沢品で、戦国武将のお姫様の輿入れ道具や夏の貴重な贅沢品として、米2～3石という高価なものだった。庶民には暑苦しい紙の蚊帳（＝紙帳）が使われていたようだ。

江戸時代になると、庶民の蚊帳は紙や木綿で、武士階級は麻の蚊帳だった。合成繊維の蚊帳が出はじめる1960年ごろまでは、近江国を中心に麻の蚊帳の産業は好況だったようだ。ところが、合成繊維の蚊帳が出はじめる1960年代後半ごろから蚊帳の使用が減った。これはちょうど、鉄筋コンクリート製の集合住宅が東京などでつくられはじめた時期で、この建物には蚊帳をつる鉤をとりつける場所がなかったのだ。また、アルミサッシの普及、クーラーの普及、強力な殺虫剤の登場、あわせて下水道の完備など、さまざまな要因で蚊帳の利用と生産は衰退していく。

しかし、蚊帳を使わなくなってからさまざまな弊害が出はじめた。殺虫剤によるアレルギーや、クーラーによる夏ばてが起きてきたのだ。蚊帳は、虫を殺さずに身を守る日本人の知恵であり、家族が夜をともに過ごす場所だった。

麻の蚊帳を半世紀ぶりに復活させたのが、静岡県磐田市に拠点を置く菊屋である。苧麻《ちょま》（ラミー）を使った麻の蚊帳も扱っていたが、2004年に縦糸・横糸ともにヘンプ100パーセントの蚊帳の製造販売を開始した。カラミ織りという独特な織り方で蚊帳生地を製造している。

普通の織物は経糸と緯糸は直角に交錯し、経糸同士は平行になっているが、カラミ織りでは経糸同士が平行にならず、お互いに搦《から》みあい、その間に緯糸を入れて織られている。このため、洗濯しても大丈夫なほど丈夫な織りとなる。シングルベッド用とダブルベッド用を約5万～8万円の価格で発売している。

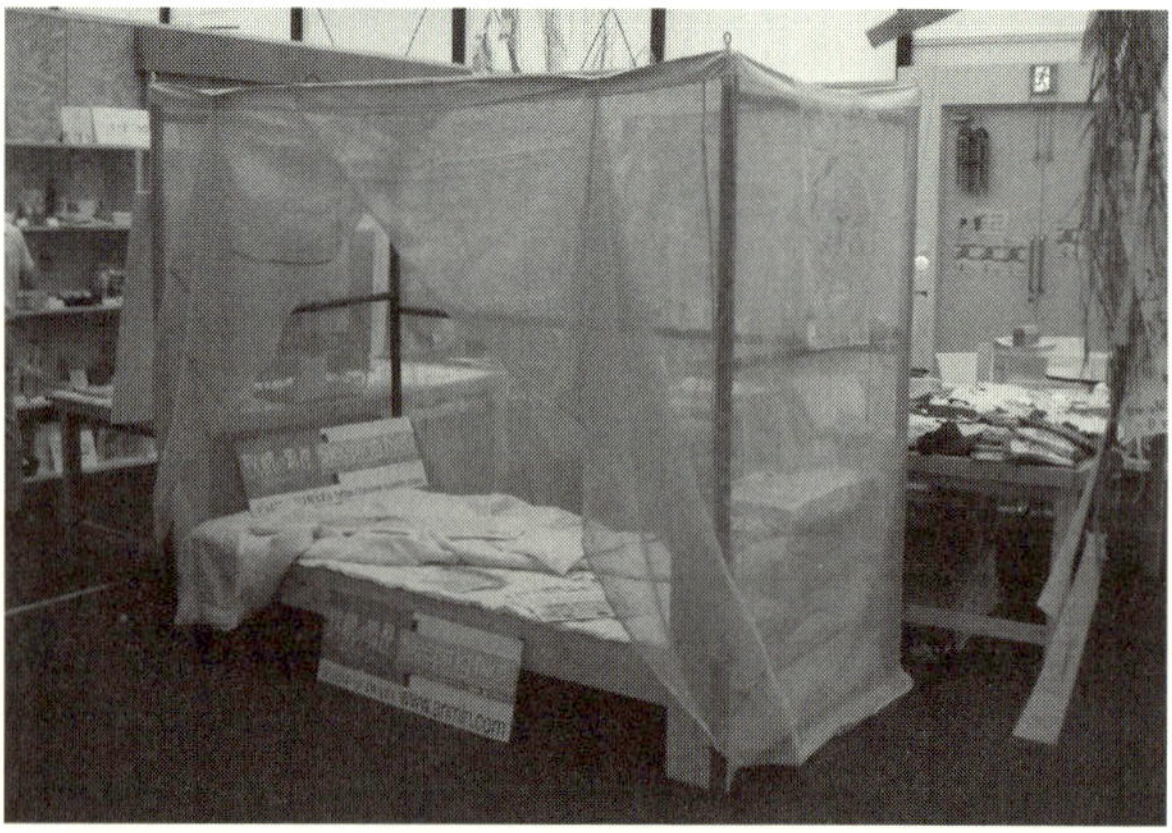

菊屋のヘンプ100%の蚊帳

また、2005年には世界中の蚊帳、めずらしい蚊帳を集めた「蚊帳の博物館」をオープンさせた。もちろん、ヘンプの蚊帳もそこに存在する。体感温度で2度も低く感じる蚊帳は、夏の必須アイテムである。

ヘンプで蚊帳のある暮らしをはじめてみませんか。

麻の寝具

麻の寝具は蚊帳だけではなく、布団、枕、シーツ、クッションなどの商品が市販されている。ヘンプ布団は、名古屋にあるジンノがオーガニックコットンやウールなどの天然素材シリーズの中のひとつとしてヘンプの敷き布団、掛け布団を販売している。通常、布団に入れるヘンプ綿は漂白しているが、漂白していない生成り色のヘンプ綿を採用するぐらい、

ジンノのヘンプ布団

こだわってものづくりをしている。ヘンプ綿は、紡績工程で出てくるくず綿《わた》（落ち綿）で、原料はヘンプ100パーセントである。

枕やシーツ、クッションなどは、主にタイやラオスで生育するヘンプを使っている。ジンノは、現地で、オーガニックコットンとヘンプに力を入れている服飾デザイナー、うさぶろう氏（うさとのブランドで有名）と連携して、Planeta（プラネッタ）というブランド名でこれらの商品をつくっている。

タイの現地では、モン族という少数民族が暮らしており、彼らはヘンプからとった繊維をカラフルな衣服にしている。彼らのデザインセンスと現地の手織り技術を組み合わせて、日本の消費者の好みにあった素敵な寝具を製作しているのだ。手づくりのため一点一点に味があり、展示会などで自分の好みの色やデザインをじっくりと選んで買う楽しみのある商品である。

麻と畳

日本の和室には欠かせない畳。畳表をよくみると、こんもりとイグサが盛り上がっている。素足で歩くと非常に気持ちのよいものであるが、ただ単にイグサを敷きつめただけではない。

しっくりと足になじむよう、イグサの一本一本に経糸をからませ、表面が均一になるように、はた織り機に似た織機という機械でていねいに編まれている。

この経糸が、昔はすべて日本麻＝大麻草《たいまそう》だったのである。

最高級の畳麻糸を生産していた長野県長野市鬼無里《きなさ》では、東京オリンピックが開催され、新幹線が開通した1964年まで生産組合があった。

今でもイグサの大産地である熊本県は、かつて大麻草の大産地でもあった。今では、大麻繊維が入手困難となってしまったために主に綿糸、麻糸（ジュート麻）、マニラ麻糸が使われている。

うれしいことに、畳職人で有名な植田昇氏が1畳8万円の超高級畳として、有機栽培の国産イグサ畳の経糸にヘンプ使用を復活させている。

畳職人植田氏によって復活した麻畳

麻炭を部屋のインテリアに

最近、備長炭（木炭）、竹炭を町の雑貨売り場などでよくみかけるようになった。熱源として木炭や竹炭を使うのではなく、マイナスイオン効果があると謳っている癒しグッズもあり、脱臭、水質浄化の目的で、お風呂や炊飯器に入れたり、住宅の床に埋めて湿気を抑えることなどに使われている。

麻炭は、ヘンプの繊維をとったあとの茎（オガラ）を炭にしたもので、木炭のように硬い炭ではなく、やわらかいパウダー状の炭で、薬品が染みこみやすいという特徴もある。

昔から麻炭は、打ち上げ花火や線香花火の火薬の可燃剤や携帯用懐炉のカイロ灰として使われてきた。打ち上げ花火に使われる火薬は、酸素を供給して燃焼を促進させる「酸化剤」と、燃焼しやすくする「可燃剤（助燃剤）」とで構成され、麻炭は、可燃剤

過塩素酸カリウム系火薬の配合比例

配合薬	割合（%）
過塩素酸カリウム	68
硝石	7
硫黄	0
麻炭	21
みじん粉	4
もみ殻	13

※みじん粉はもち米からとった水溶性のデンプン
　もみ殻は米粒の外側の殻
出典：『花火の科学』より

として使われる。酸化剤には、過塩素酸カリウム、硝酸カリウム、可燃剤には、松炭、麻炭、桐炭、硫黄、セラックなどが使われている。

花火師によると、麻炭は着火がよく爆発力が強くなるため、小さな玉（打ち上げ花火の玉）で大きな花火が出ることで知られている。国産の麻炭はなかなか手に入らないが、よりよい花火を打ち上げるために国産麻炭を使っている花火業者もいくつかある。しかし、花火もスターマインなどのように大量生産で大量消費（打ち上げ）の傾向が強いため、中国産の安いものを使っている業者が大多数となっている。

日本の夏の風物詩ともいえる線香花火にも麻炭が使われていた。線香花火の和剤（火薬）の配合例は、硝石（60パーセント）、硫黄（25パーセント）、油煙（4パーセント）、麻炭（8パーセント）、アントラセン（3パーセント）。

線香花火は、なるべく長く火花が出続けるように、適当

花火に使われる炭の分析値（%）

種類	比重(g/cc)	水分	灰分	カルシウム	カリウム
麻炭	0.17	15.19	9.87	15.02	32.15
松炭	0.44	8.81	9.63	33.29	4.67
桐炭	0.33	7.09	4.92	14.18	13.63
なら炭	0.51	6.19	3.24	49.92	16.45
みつまた炭	0.32	8.20	10.21	38.36	7.48

※カルシウム、カリウムは灰中のもの
出典：日本煙火協会の資料より

な割合で燃えやすい炭と燃えにくい炭を混ぜあわせている。麻炭は燃えやすいので大きな火花をパチパチと出すために使われていた。残念ながら、今はコストダウンのため木炭配合となっている。

カイロは漢字で「懐炉」と書く。歴史をひもとくと懐炉の発明者は、忍者だったらしい。忍者といえば、ジャンプ力を鍛えるために、3カ月で3メートルに伸びる成長の早い大麻草を毎朝飛び越える話が有名である。

忍者の使った懐炉は、「胴の火」と呼ばれ、銅製の筒に和紙や植物繊維を黒焼きにしたものを詰めたものである。点火するとゆっくりと燃えて半日ほどもち、懐に入れて暖をとるだけでなく、火種としても利用できた。江戸時代には、この方法が広まり、麻や穀物を炭にして、粉末にしたものが「カイロ灰」

繊維をとったあとの茎（オガラ）でつくった麻炭

と呼ばれた。

カイロは、昭和初期までこの「胴の火」方式であったが、気化したオイルが白金の触媒作用で出す熱を利用したハッキンカイロが登場し、1979年から現在の鉄粉を使った使い捨てカイロが発売されている。

栃木県にある懐炉製造販売メーカーのマイコールは、麻の繊維をとった残りのオガラからカイロ灰を製造したのが創業のきっかけであり、今でも会社のロゴマークは麻の葉である。

現在、麻炭は、岐阜県産業用麻協会から、インテリアをかねた消臭材、シックハウス対策の床下用調湿材、デッサンに用いる画材として販売されている。麻炭は比重が軽くカリウムが多い。竹炭と同じぐらいの多孔質（いっぱい穴があいている）で、水質浄化や脱臭に効果があり、調湿剤としても使うことができる。

アロマテラピーとヘンプ

アロマテラピーとは、植物のさまざまな部位から抽出した精油（エッセンシャルオイル）を用いてホリスティックな観点から行なう自然療法である。アロマテラピーの目的には、①リラクセーションやリフレッシュ、②美と健康を増進する、③身体や精神の恒常性の維持と促進を図る、④身体や精神の不調を改善し正常な健康を取り戻す、の4つがある。

ヘンプの種子をしぼったヘンプオイルが、アロマテラピーやマッサージのベースオイルとして知られており、『アロマテラピーのベースオイル』や『アロマテラピーとマッサージのための キャリアオイル辞典』にも掲載されている。日本国内では、2001年の薬事法改正を受け、2003年夏にヘンプオイルが化粧品原料「アサ種子油」として登録されてから、国内生産がようやく可能となり、ニューエイジトレーディングからアロマテラピーのベースオイル（キャリアオイル）が発売されている。

ヘンプオイルは、保湿性と浸透力があるため、精油成分が皮膚に吸収されるサポートをするのに非常によいオイルである。『ヘンプオイルのある暮らし』には、マッサージオイルやリップクリームや乳液のつくり方など手づくりコスメのレシピやその使い方が多数載っている。

また、日本国内では、大麻取締法により葉と花穂を使ったヘンプの精油は輸入・製造・販売ができないが、海外では低THC品種であれば、大麻草すべてを活用できるので、ヘンプ・エッセンシャルオイルも商品化されている。ヘンプのエッセンシャルオイルの匂いは、精油でいえばフランキンセンス（乳香）が一番近いと思われる。この精油は、古い時代から使われ、現代でも中国やインドの寺院でも瞑想のときに使われている。海外では精油の匂いを生かした香水、キャンディなども販売されている。

ヘンプ畑に行くとわかるが、夏の収穫時期になると甘い柑橘系の独特の匂いがする。

余談だが、成田空港の麻薬犬は、違法となる大麻樹脂の成分であるTHCは無味無臭なので、このヘンプの花穂の匂いで訓練されている。どんなに急いでいても、ヘンプ畑から成田空港へ直行してはならない。葉や花穂を所持していなくても、麻薬犬は匂いでやってくるのだ。

ヒーリングとヘンプ

植物の不思議なパワーを利用するヒーリングとして、バッチ・フラワー・レメディがよく知られている。これは、1930年代にイギリスの細菌学者であり医者でもあったエドワード・バッチ博士が発見したヒーリングの一種であり、人間の自然治癒力、回復する力を引きだし、それで状態がよくなるという治療法である。

ある日バッチ博士が庭に座っていると、花びらがグラスの水の中に落ちてきた。普段からシンプルな癒しの方法を探していたバッチ博士は、水に落ちた花びらをみて「植物の力を水に写しとることはできないだろうか」と、考えたのである。

彼が、植物の力を水に写しとるためにとったのは、ガラス容器に水と植物を入れ、それを太陽にあてるという方法（転写と呼ばれる）だ。こうしてできたエッセンスは、雑菌の繁殖を防ぐためにアルコール（一般的にはブランデー）、アルコール・アレルギーがある場合には酢を混ぜて保存する。

それ以降、彼はイギリスの植物38種類からなる「バッチ・フラワー・レメディ・エッセンス」を開発した。フラワー・レメディは西洋のニューエイジとヒーリングの世界では非常にポピュラーであり、ヒーリングショップに行くとさまざまなエッセンスが並べられている。

現在ではバッチ博士の開発した38種の基本レメディに加え、多くの国で、多くのヒーラーによって、独自のレメディが開発されている。「その人が一番必要とする植物は、近くにある」という考えをもとに、その場所独自の植物が選ばれることが多い。これをもとに、古来から日本にあった植物であるヘンプのエッセンスを入れた商品が、縄文エネルギー研究所から発売されている。

海外では、レメディ商品はホメオパシー療法の薬であり、ホメオパシー医師によって処方される医薬品である。ちなみにホメオパシーとは、日本では同種療法と呼ばれ、「ある症状で苦しんでいる人に、健康である人に与えたときに同じような症状を示すレメディ（ホメオパシーの薬）を投与して治療する」ことを原理とし、２００年の歴史と豊富な臨床実績をもつ医療の一種である。

しかし、日本では医療行為としては認められておらず、代替医療・補完医療の分野でしかない。したがって、ヘンプのエッセンスを転写したレメディ商品は、薬事法上、医薬品ではなく、単なる雑貨なのである。

ヘンプのエッセンスがどのようなケースで効果があるのかは解明されていないが、ヘンプは邪気を祓い、幸せを呼ぶとされている植物である。

実際に流通しているヒーリングヘンプ商品「サンタマリア」を使った人が、フラワーエッセンスの力をすべて統合したものといえるくらい、強い力をもち、からだの調子が悪いときや精神的に弱っているときなど、あらゆるマイナス局面に対応しているといっていた。ヒーリングショップでも、お客さんからの反応のよい人気商品のようである。

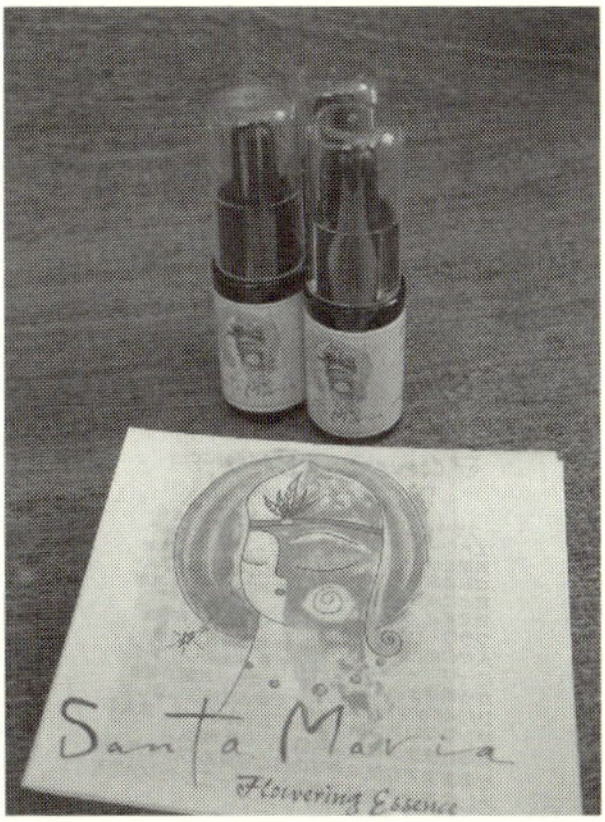

ヘンプ・フラワー・レメディ商品
「サンタマリア」
発売元：縄文エネルギー研究所

ヘンプと動物

ホームセンターやペットショップに行くと、麻の実がセキセイインコなどの小鳥の餌として販売されている。麻の実は、からだの小さな鳥にとって、タンパク質と脂肪を効率よく摂取できる餌なのだ。

郵便が発達する前の時代、重要な役割をもっていた伝書鳩にも麻の実は欠かせない。鳩は遠く離れた場所で放されても、自分の巣（鳩舎）に帰ろうとする習性をもっている。これを帰巣《きそう》本能といい、その帰巣本能を利用して、今でも日本鳩レース協会や日本伝書鳩協会で、鳩レースが行なわれている。この鳩レースは、競馬のように血統も重視されるが、レース前の1週間の餌づけも非常に重要な要素となる。麻の実は、鳩の毛並みをよくし、持続力を高めるという。

麻と馬は昔から深い関係にあり、馬の手綱はもともと麻のロープで、また牛皮製の馬具のレザーオイルや馬の蹄油《ひづめ》に、ヘンプオイルを使った商品も販売されている。

最近では、ヨーロッパで麻の繊維をとったあとの茎（オガラ）を加工した麻チップが、馬の敷き藁やウサギやハムスターなどの小動物の敷き藁として注目されている。一般的に厩舎《きゅうしゃ》で使われる敷き藁は、麦藁である。しかし麦藁だと、藁のほこりが呼吸器官に影響を及ぼし、アレルギーの原因となるのだ。これを防ぐにはほこりの少ない麻チップがよく、しかも麦藁にくらべて、多孔質な構造をもつため、吸収性や脱臭能力が高く、動物が快適に過ごせるようになる。また、馬の蹄に理想的なクッションであり、寝床として温かい場所を提供でき、使用後は良質な有機肥料になるというメリットもある。

イギリス王室の厩舎「ロイヤル・ミューズ」にも採用され、馬の健康にこだわる馬主に非常に評判がよいそうだ。馬の飼育のバイブル本といわれる『HORSE CARE MANUAL――馬を飼うための完全ガイド』の改訂版には、麻チップも紹介されている。

フランスではヘンプ茎を繊維部と木質部に分離するときに発生するダスト（粉末状のもの）が、直径1センチ長さ2センチぐらいのペレット状に加工され、水分の吸収性のよさと脱臭効果を生かした猫の敷き藁として商品化されている。

麻チップからつくられたペットの敷き藁

麻で育った野菜と有機卵

日本で麻を栽培するには、都道府県知事の免許が必要であり、そう簡単に免許はとれない。ちょっとした空きスペースを使って、畑の脇や植木鉢などで栽培するのも違法行為だ。

しかし、麻の実を肥料や飼料に使うのはどうだろうか。

麻の実は、約3割の油を含み、昔ながらの機械圧搾でしぼって油をとり、その残りかすが肥料となる。いわゆる麻の油かすで、その成分と使い方は一般の油かすと同じだ。そのうえ、菜種や大豆かすのように遺伝子組み換え問題があったり、石油抽出された油かすではない。麻の油かす肥料は、有機農業にこだわる人なら、プロ、アマ問わず、有機肥料づくりに魅力的な肥料である。

この肥料を使うと、「麻で育った野菜」という希少価値の高いブランドで販売することができる。

試験段階だが、千葉県の鴨川自然王国では、この肥料を使った野菜を販売している。また、飼料として使っている茨城県の養鶏農家では、「波動卵」というブランドで麻の波動入り（実際には餌として麻の油かすを与えている）で、放し飼いの有機卵として販売している。麻の実をにわとりの餌にすると、リノール酸とα-リノレン酸強化の卵になることが、栃木県の農業試験場で明らかになっている。

このように麻を直接栽培しなくても既存の農業や畜産業にも応用がきき、付加価値を生みだすのが麻の大きな特徴である。

8 ヘンプハウスに住みたい

ヘンプが住宅の建材に！

1998年11月15日に放送された「素敵な宇宙船地球号」というテレビ朝日の番組のタイトルは、〈大麻は森林を救う〉だった。日本では、この番組ではじめてヘンプ建材が次のように紹介された。

「ヘンプはわずか100日で生育するが、木材は数十年たたないと利用できない。毎年膨大な量の木材が伐採されているが、そのもっとも大きな用途は住宅です。年間9億立方メートルという想像もできないくらいの木材が建築業界で使われ、今日の住宅産業は地球上で最大の木材消費者なのです。

１９８０年代末、ヘンプの茎を細かく砕いた麻チップを素材にした建材、〝カノスモーズ〟（商品名）がフランスで開発されました。麻チップに水と石灰を加えてつくられる建築材です。強度はきわめて高く、取り扱いや加工が簡単です。耐火性も兼ね備えているのは木材にくらべて大きな利点です。

この建材は呼吸し、断熱性があり、木材と同じ能力をもちます。原料の麻チップには、ミクロン単位の穴が無数に開いています。そのため、冬は熱を蓄え、夏には一定の温度に保つという効果的な温度調整ができる壁をつくることができます。

〝カノスモーズ〟は、木材よりも軽くて丈夫で、コンクリートと同様に型枠に組んだ鋳型に注入することができ、わずか数時間で固まります。屋根の断熱材やグラスウールや木材パネルのかわりになり、加

フランスで建てられたヘンプハウス

工性に優れているので、いろんな形の壁を自由につくれます。床材にも利用でき、優れた弾力性と断熱性を発揮します。1998年の時点でこのような家は500件を数え、急速に需要が伸びているそうです。」

草から建築資材ができる！　この番組が伝えた衝撃的な事実は、かなりの説得力があった。年間で数万ヘクタールに及ぶ森林伐採を止める手段のひとつとして、3カ月で3メートルに成長するヘンプから建材をつくるというコンセプトがすばらしい。

そこで日本の歴史をふり返ってみると、ヘンプ建材こそ日本の気候風土にあった、昔ながらの住宅素材のひとつだったことが明らかになった。

ヘンプが住宅素材として使われた歴史と、最近、開発され、流通しているヘンプ建材の概要を紹介しよう。

茅葺屋根の材料

茅葺には、チガヤ、ススキやアシといった草を使うのが一般的であるが、茅葺の一番下の層に麻の繊維をはいだあとの茎、麻幹《オガラ》を敷くことがある。オガラは、軽くて、丈夫な屋根材となる。そして何よりも見栄えがよく、地上から屋根を見上げたときにすっきりとしたきれいな仕上がりになるので、いわゆる化粧材として使われてきたのである。

麻がたくさん栽培されてきた地域では、すべてオガラ葺きというところもあるぐらいだ。有名なのは、長野県大町市美麻《みあさ》の旧中村家住宅（国の重要文化財）、栃木県粟野町の医王寺だ。ほとんど知られていないが、世界遺産に登録されている白川郷の屋根のつまの部分にも使われている。

茅葺屋根にくわしい人によると、現在の日本には1500棟の茅葺屋根の家があり、そのうち約3分の1がオガラを使っているという。80坪の家で3000束（約3トン）使用するといわれており、まっすぐでよいオガラが手に入らないので、茅葺屋根の関係者はとても困っているとのことである。

オガラが茅葺屋根の材料として使われている（滋賀県高島市）

漆喰《しっくい》壁には麻スサ

お城の城壁や町屋の白壁などの漆喰壁は、昔から石灰、フノリ（海藻の糊）、麻スサ（麻の繊維くず）を原料とする。それらを練りあわせて、何回も塗ることで、日本の気候風土に耐えられる壁になっている。古民家再生の建築を実践されている方や左官屋さんから、日本の麻スサが手に入らない！という話をよく聞く。

この麻スサは、本来ならば、麻農家が繊維をはいだときに出る繊維くずを集めたものや、麻繊維でつくられた魚網をカットしたもの（浜スサ）なのだが、麻農家の激減により、麻スサは紡績用の亜麻《あま》のスライバー（糸になる前の繊維の束）、もしくはマニラ麻をカットしたようなもので代用されている。

麻スサは、藁スサよりも接着力が高く、乾燥したときのひび割れを抑えられ、石灰のアルカリ成分に強いので、灰汁が出なくて、耐久性のある土壁ができるのが特徴である。国宝の姫路城の白壁も麻スサだったが、残念なことに現在ではコストを抑えるために化学糊（接着剤）が使われている。

塗料としてのヘンプオイルフィニッシュ

オイルフィニッシュとは、木肌を生かしたナチュラルな仕上がり、しっとりとした風合いで、ラッカーやウレタン仕上げにない新鮮な木材のテクスチャーを出すために、木材の「木肌」を十分に生かす塗装法のことである。

さまざまな植物油があるが、ヘンプオイルは、乾性油に分類され、空気にさらしておくと自然に乾燥するので、オイルフィニッシュに適した油なのである。乾燥のしやすさのバロメーターは、油脂１００グラムに吸収できるヨウ素の重量（グラム数）、ヨウ素価で分類される。

不乾性油：ヨウ素価１００以下（例）オリーブ油、椿油、ヒマシ油。
半乾性油：ヨウ素価１００～１３０（例）大豆油、菜種油、綿実油、サフラワー油。
乾性油　：ヨウ素価１３０以上（例）クルミ油、亜麻仁油、エゴマ油、桐油、ヘンプオイル。

ヘンプオイルは、乾燥性、耐候性などは亜麻仁油に劣るが、塗膜の「やけ」は少ない。

２００２年から、自然素材・古材ギャラリー「住工房なお」が、「なおの麻」という商品名でヘンプオイルフィニッシュを販売している。室内の内装材、家具、建具の木材に直に重ね塗りできる含浸性タイプの塗料である。

ドイツで開発されたヘンプ断熱材

断熱材といえば、ガラス繊維でできたグラスウールが主流だが、ドイツなどでは自然素材のヘンプ断熱材が開発され、テルモ・ハンフという商品名で1998年から販売されている。

一般に、ヘンプ断熱材はグラスウールにくらべて高価格だが、ドイツでは、2003年から自然系の断熱材を使った住宅には、その断熱材の価格の3分の1を国が補助するというプログラムがあるので、グラスウールとの価格差は2倍未満となっている。

ヘンプ断熱材の長所をあげてみよう。

肺に達する微繊維がないため、施工後はもとより、運搬、施工においても人体に悪い影響を与えず、肌に触れても違和感がない。

ヘンプ断熱材

パンケーキ用ナイフなどで簡単に切ることができるので、取り扱いが容易なうえ、芯繊維にポリエステルが15パーセント含まれているため、形状維持性があり、収縮がなく、また繊維が縦横にからまっているので固定しやく、施工が簡単だ。

天然の苦み質を含み、またタンパク質を含まないため、虫やネズミの害を受けず、しかも、防腐、防かび、防虫性がある。

ヘンプ繊維はほとんど吸水性をもたないので、結露が起こっても吸湿しにくく速く乾く。炭酸ナトリウムで耐火処理をしているので、炎を出して燃え上がることはない。いわゆる難燃性である。

日本での施工例は今のところ40軒ほどだ。家をまるごとヘンプ断熱材にすると、どうしても価格が高いので、人生の3分の1を過ごす寝室や子ども部屋だけをヘンプ断熱材にする場合が多い。日本で大麻草の大規模栽培を行ない、ヘンプ断熱材を国内製造に切り替えられれば、価格的にはグラスウールの1・5～2倍ぐらいまでになり、自然系断熱材のホープとなるだろう。

ヘンプ内装材で呼吸する壁に

麻のチップには、ミクロン単位の穴が開いており、その穴が湿度をコントロールする。つまり、湿度の高いときは吸収し、乾燥しているときは水分を放出する。また、虫を寄せつけないので、防虫効果に優れた内装ができる。

現在、マグネシウムを多く含む白雲石を焼成・消化したドロマイトプラスターを主原料に、麻チップを混入させたタイプ「麻壁ドロプラ」と「麻壁珪藻土《けいそうど》」の2つの内装材が、トムクラフトという日本初のヘンプ内装業者によって商品化されている。

自然素材の内装材としてもてはやされている珪藻土は、セメントや樹脂（化学糊）で塗り固めるしかないため、珪藻土のもつ通気性が失われていたが、麻壁珪藻土は、無機化合物の添加によって材料同士

麻壁（左）。ヘンプの木質部（オガラ）を砕いた麻チップ（右）

のイオン結合で接着している。そのため、珪藻土本来の通気性と麻のもつ特徴が融合された製品となっており、プラスターボード(石膏ボード)、モルタル下地に直接塗ることができる。

設計価格は、麻壁ドロプラで材料費3200円/平方メートル。麻壁珪藻土で材料費4000円/平方メートル。仕上がりの色は、麻壁ドロプラが生成り色で、珪藻土が白色となる。

商品化したトムクラフトの事務所（東京都世田谷区）の内装やヘンプ・レストラン麻の内装に使われており、どんな仕上がりになるのかをみることができる。とても気持ちのいい空間が体験できるので、一見の価値がある。

ヘンプ布クロス（壁紙）とヘンプ和紙壁紙

全国でのビニールクロスのシェアは90パーセントで、残りを織物、紙などの壁紙が占めている。ビニールクロスの壁紙は安いけど、接着剤でシックハウス症候群になるかもしれない。そんな不安をとりのぞくには、自然素材がいちばん。

自然住宅の施工業者向けに、厳選された自然素材でできた建築資材を扱う素材工房が開発したヘンプ布クロスがある。通常のビニールクロスには、湿度をコントロールする調湿機能はまったくないが、織物壁紙であるヘンプ布クロスには調湿機能がある。クロスを貼る糊には、デンプン系接着剤「晴れ晴れ」を使って施工する。

ヘンプ和紙壁紙は、栃木県の麻農家が経営する野州麻紙工房と、土佐和紙で有名な高知県のまるみ和紙が、強靭なヘンプ繊維からパルプをつくり、手漉き和紙の技術を生かしてオーダーメイドで製造している。また、前述のトムクラフトは、壁紙の風合いのよさを出すためにヘンプ繊維と麻チップを和紙に漉きこんだヘンプ壁紙を商品化している。

ヘンプ建材でリフォームを体験

建築業界の間では、自然素材＝高い建材となっていて、なかなか普及していかないのが現状である。健康や環境問題に対する意識が高いお客さんは、よいものを探しているが、どれを選べばよいかわからない。

このような状況を少しでも解消する目的で、ホームセンターや地元の材木屋で調達できる材料で、かつ自然素材のヘンプを使った建材でなるべく安くリフォームするにはどうすればよいかを、からだで理解しようというコンセプトで、環境・文化NGO「ナマケモノ倶楽部」が2005年11月に、1泊2日のエコ建築リフォーム体験を企画した。

建築指導は、自然素材内装業者で、ヘンプ建材を扱っているトムクラフトが担当。3年ほど前に自らの事務所の壁を麻壁にリフォームして以来、全国で30件の施工をしてきている。

リフォーム物件は、千葉県鴨川市の鴨川自然王国にある2階建てのプレハブ小屋の1階で、床面積10坪の部屋である。ここにヘンプ断熱材を入れて、プラスターボード（石膏ボード）を張って、左官材「麻壁」を塗るという作業を行なった。参加者は35名（男性15名、女性20名）に及び、ヘンプや藁の家（ストローベイルハウス）に興味のある人、古民家に住んでみたい人や自然素材を使ったリフォームに関心のある人など、参加動機はさまざまであった。

▼1日目：断熱材貼りと下地処理

材料

ヘンプ断熱材、プラスターボード、寒冷紗《かんれいしゃ》テープ、低公害パテ、ドロマイトプラスター

道具

ビス、インパクトドライバー、墨壺、差しがね、スケール、ボードやすり、丸鋸、パン切りナイフ、カッター、ローラー、シーラー、ハケ、ミキサー、バケツ、ひしゃく、タッカー、タッカーの芯、養生テープ、ブルーシート、養生シート

作業工程

①ヘンプ断熱材をスケールで測って、壁の大きさにパン切りナイフで切り、タッカーでとめる。

普通、断熱材はガラス繊維でできたグラスウールを使うが、施工時のチクチク感や肺気腫の恐れから、できれば使いたくない素材のひとつ。

②プラスターボードを壁の大きさに丸鋸で切る。

プラスターボードのビスを30センチ間隔で打ちつけるために墨壺を使って、ビスの止めの目安をつけたあと、インパクトドライバーを使って、ビスでとめる。

プラスターボードは、石膏でできており、ホームセンターで安く買える。

③プラスターボードのつなぎ目にカッターで溝をつけ、寒冷紗テープを貼る。

寒冷紗テープを貼って、パテ処理をするのは、左官材を塗ったあと、ボードのつなぎ目に亀裂が入らないようにするためである。

④パテ処理。

低公害パテを水で練り、つなぎ目やビス頭にハケで塗る。

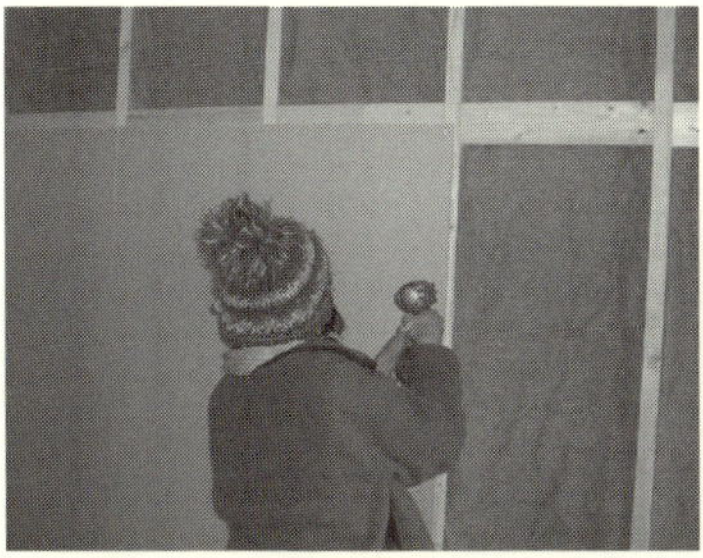
石膏ボードを壁に貼ってビスを打つ

ヘンプ断熱材をタッカーで止める

パテは価格が通常の5倍高い低公害パテという商品名のものを使用。これがあるとシーラー（下地塗り材）塗りがなくなる。

⑤窓枠などが汚れないように養生する。

⑥ドロマイトプラスターを缶に開け、1缶に対して水をコップ2～3杯入れてひしゃくでかき回し、バケツに移して、麻壁を塗る面にローラーで均一に塗り、半日ほど自然乾燥させて終了。

女性の参加者が多かったためにインパクトドライバー初体験という方もたくさんいて、ビスを打ちつける「ダッダッダ！」の音にびっくりしながらも楽しそうに作業をしていた。

▼2日目の作業工程：麻壁塗り

材料

麻壁ドロプラタイプ（ドロプラ1缶でつくる分量）

ドロマイトプラスター　1缶（20キログラム）

珪砂5号（白）　15キログラム

窓枠などが汚れないように養生する

パテ処理をする

麻チップ　1・4キログラム
水　適量
この分量で、プロが3ミリ厚に塗って8平米分。

道具
ミキサー、桶、コテ（鏝）、パレット、ひしゃく、バケツ、ブラシ

作業工程
①桶にドロマイトプラスター1缶を移し、水を加えて攪拌する。
②砂を3～5回に分けて入れ、そのつど攪拌する。
③麻チップを3～5回に分けて入れ、水を足しながらそのつど攪拌し、耳たぶほどの硬さにする。
④桶のネタをパレットに乗せ、コテ（鏝）を使い、壁を塗る。
⑤塗りすぎたところは少しはがして、麻壁材をコテでのばし、下地がみえているところも同様に、みえないように麻壁材をコテでのばす。3日ほど自然乾燥させたら完成。

みんなで左官（壁塗り）をスタート

麻壁材料となるドロマイトプラスターと麻チップと砂と水をこねる

ドロマイトプラスターは、珪藻土より調湿性が劣るため、麻チップを入れて、調湿性能を上げているのが麻壁仕様である。左官（壁塗り）では、平均厚さ3ミリがプロ仕様なのだが、素人がコテを使って塗るのではどうしても厚くなってしまう。しかも麻チップ入りのため、手に力を入れないと左官材の塊をのばすことが難しい。

左官はコテの全面を使わなければならないのに、コテの先しか使っていないことが「小手先」の意味の由来だ。まさに小手先しか使っていない状態で作業開始。2時間ぐらいたつとようやくコツがつかめ、腕が筋肉痛になることを恐れずにガンガンと塗ることができた。

リフォーム後は、殺風景なプレハブの部屋が、とても温かみのある空間に生まれ変わった。外観はプレハブのままなので、一歩家の中に入ったときに感じるそのギャップは、なんともいえず楽しいものだった。

施工前。プレハブ小屋の板1枚の壁だった

完成。3日ほど自然乾燥させる

ヘンプクリートで家を建てる

主にフランスやイギリスで建てられているヘンプの家には、ヘンプクリート（ヘンプとコンクリートを合わせた造語）と呼ばれる素材が壁材として使われている。このヘンプクリートには4種類あり、石灰と麻チップの配合割合で用途が違う。

①軽量タイプ：屋根の断熱材や2階以上の床下などに使うために、麻チップを70パーセント混合し、比重を軽くしたもの。
②壁タイプ：外壁材として使い、麻チップを60パーセント混合したもの。
③床タイプ：床下や床材、1階の部屋壁に使い、麻チップを50パーセント混合したもの。
④左官タイプ：内装左官材として使い、麻チップを40パーセント混合したもの。

麻チップの割合はすべて容積比で算出したものだ。

石灰は、太古の生物の無機質部分であるサンゴや貝殻などが堆積してつくられた堆積岩で、石灰岩（ライムストーン）を焼成して生石灰《きせっかい》とし、それに水を加えて生成した消石灰《しょうせっかい》を使っている。また、生石灰を大量の水で消化させてペースト状にしたものを数カ月間寝かして粘りを高めた生石灰クリームや、ヨーロッパにしかない天然水硬性《すいこうせい》石灰（ＮＨＬ）と呼ばれる、水で固まるのが早い性質をもつ石灰も使われている。

近年、省エネのために住宅の気密性を高める傾向にあるが、気密性の高い住宅では、換気と湿気を排出させるために壁内に通気層と電気を使った換気装置を設置する必要があり、省エネ住宅の矛盾が生まれている。

これに対して、ヘンプクリートは通気性があり、室内の温度変化を少なくし、同時に調湿を行なうことで、快適な温熱環境を提供できるため、通気層や換気装置を最小限にすることができる。

また、麻チップの密度が1立方メートル当たり130キログラムと非常に軽い素材で、作業性がよいという特徴をもつ。さらにこの素材は、デザイン性に優れ、表面に凹凸があり、立体的に美しい仕上げができるのも大きな特徴である。

ヘンプクリートは、一般的な木造住宅の軸組み構造に使え、屋根裏、天井裏、床下、壁面とあらゆるところに用いることができる。施工方法は、鉄筋コンクリート造のように型枠を用いてヘンプクリートを流しこみ、かたまったら型枠をはずして壁面をつくる。

鉄筋コンクリート造の建物では内装材として使え、内装壁面に4～5センチ、天井面に2～3センチの厚さで左官することで室内の熱・音・湿度の調整が行なわれ、快適な環境を得ることができる。

ヘンプクリートの断熱性能、各種断熱材の温度変化

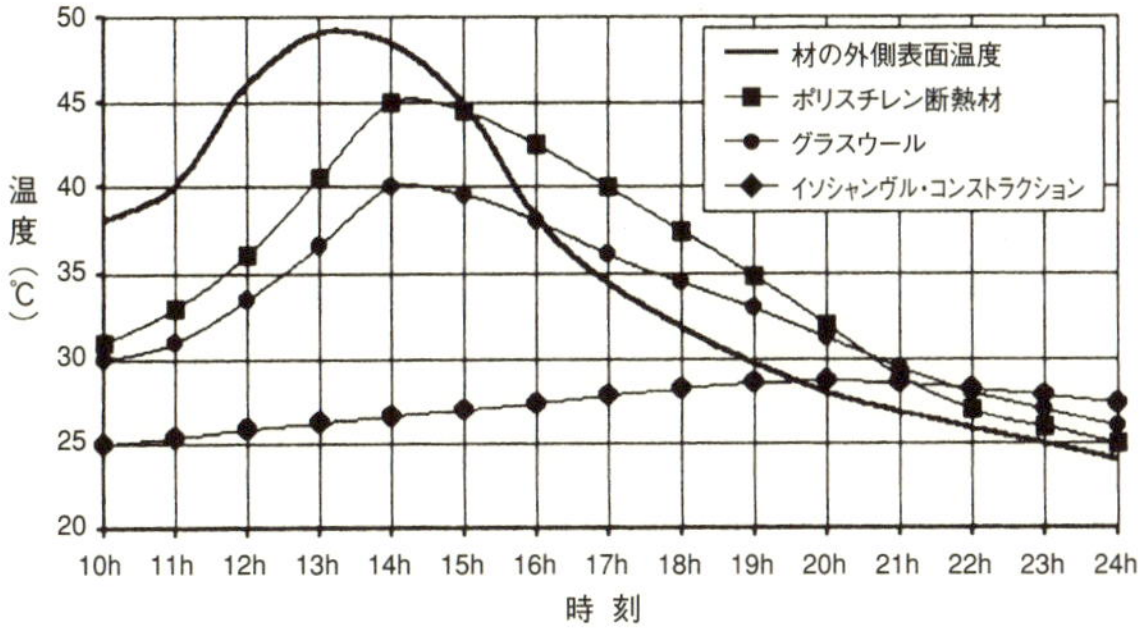

※イソシャンヴル・コンストラクション（ヘンプクリートの商品のひとつ）
出典：シェヌヴォート・アビタ社の独自調査より

ヘンプボード
ドイツでは、比重の軽い麻チップを使った軽量ボードも市販されている

ヘンプボードの性能

	厚さ(mm)	密度(g/cm³)	含水率(%)	曲げ強さ(N/mm²)	吸水膨張率(%)
家具用ヘンプボード	19、28、38	0.3〜0.34	6〜9	3	9以下
インシュレーションボード	9、12、15、18	0.35未満	5〜13以下	2以上	10以下
MDF(5型)	2.5以上	0.35〜0.8	5〜13以下	5以上	—

※麻チップでつくったボードはJIS規格ではインシュレーションボードに相当する
出典：家具用ヘンプボードは、ドイツのKOSHE Group製のデータ
　　インシュレーションボード及びMDFは、JIS規格を参照

9 ヘンプ紙で森を守る

麻紙《まし》は、世界最古の紙

ペーパー（paper）の語源は、エジプトで使われた、パピルス草の茎を薄く裂いてタテ・ヨコに並べ、水をかけて圧着、乾燥させたものからきている。だがこれは、正確には紙ではなく、紙のように使っただけである。紙とは、植物などの繊維を水に分散させて、すき上げ、薄く平らにして、乾燥させたもののことだ。紀元１０５年に中国後漢の蔡倫がその方法で書写用の紙を効率的に製造した。このとき原料として使われたのが、麻であった。植物のヘンプから直接つくったのではなく、衣服として使用したあとのぼろ麻布を原料にしていた。

それから長い年月をかけてシルクロードを伝わり、１４５０年にグーテンベルグが活版印刷を発明した当時の紙も、麻の衣服のぼろ切れが使われていた。この印刷技術で製作されたのはほとんど聖書であり、それまで一部の僧侶たちしか知らなかった知識が普及することによって、宗教改革へと発展していったのである。宗教改革のお題目はルターが唱えたが、ヘンプの紙なしでは何もはじまらなかったのである。

日本でも、奈良時代の正倉院文書には麻紙が使われ、その中には、紙の風合いや色によって区別された上麻紙、黄麻紙、色麻紙、短麻紙、長麻紙など、さまざまな種類の麻紙がみられる。しかし、平安時代には穀紙（楮《こうぞ》紙）の生産が増え、平安後期には麻紙がつくられなくなっている。麻紙は紙質がやや硬く、紙面がざらざらして筆写しにくいうえに、楮にくらべて原料が処理しにくく、しかも入手困難となったからである。

野州麻紙工房で製作されたランプシェード

『延喜式』に記された製紙工程では、約2キログラムの原料から紙になるまでの日数は、楮が10日間であるのに対して、麻（ヘンプ）は32日間もかかる。このことだけでも、麻紙をつくるのにはとても時間がかかることがよくわかる。

日本一のヘンプ生産県である栃木県粟野町にある野州麻紙工房は、この手間のかかる麻紙を復活させ、しかもヘンプ100パーセントにこだわって製造している。

野州麻紙工房で紙漉《す》き体験

2001年10月に、野州麻紙工房ができるというお知らせを聞いて、自分だけ体験するのはもったいないので、ヘンプ紙漉き体験を企画した。

普通、和紙は、楮、みつまたと呼ばれる原料からつくるが、ここではヘンプ100パーセントでつくる。ヘンプの繊維をとる段階で麻垢《おあか》という副産物が大量に出る。昔なら肥料に使ったが、ここではそれを麻紙に変身させて新しい命を吹きこんでいる。

その麻紙づくりの簡単な工程は、次の通りである。

①原料を適当な大きさに切る、②煮る、③水洗、④漂白（天日乾燥）、⑤叩く、⑥漉く、⑦乾燥

私たちは、「叩く」と「漉く」を体験したが、この叩く作業がとてもたいへんだった。

和紙原料としてポピュラーな楮ならば、2時間も木槌で叩くと繊維が毛羽立って、紙を漉くときにからみやすくなるのだが、麻は、叩いても叩いても一向に繊維が毛羽立たない。日本最強の繊維といわれているのは知っていたが、体験すると腕と手首でそれが実感できる。

工房の敷地の隣には、工房を主宰する大森芳紀氏のご両親が経営する「ぱんとまいむ」という天然酵母のパン製造直売所がある。ここでは、1斤280円でとてもおいしい麻の実パンが焼かれている。多いときは1日に50斤も売れる売れ筋パン。地元でもなじみのある麻がパンになったことで人気があるのかもしれない。ほかにも、私の好きなメロンパンや

国産麻紙の紙漉きをする大森芳紀氏

カマンベールチーズパンなどはオススメである。

実はこの麻農家は、麻農家として8代目の息子夫婦が和紙、7代目の親夫婦がパン、共同作業で麻、そば、米の栽培、6代目のおばあちゃんが自給用野菜づくりという役割分担でやっている。同時に和紙とパンの工房を開設したおかげで、かなり忙しくなったようである。私は、ここの家族のファンになり、彼らのファンサイトのホームページをつくっている。

非木材紙のヘンプ紙

紙は文化のバロメーターといわれている。一人当たりの年間紙消費量の世界平均は52キログラムで、日本は世界第4位の243キログラムとなっている。

世界の紙の需要は2003年で約3・4億トンになり、これからの人口増加や途上国の経済発展を考えると需要を満たすのは容易ではない。2015年には約4・6億トンに増えると予想され、その供給のために必要な木材資源を森林に置き換えると、新たに2000〜3000万ヘクタールもの面積が必要とされる。これは日本の森林面積2500万ヘクタールに相当する大きさである。世界の森林面積38・7億ヘクタールの0・6パーセントにもなる。

世界の紙の需要を満たすために手つかずの原生林を切りだして、生態系を破壊したり、針葉樹の伐採によって永久凍土を溶かし、メタンなどの地球温暖化ガスを排出させたりすることが大きな問題となっている。過剰な森林伐採を止め、紙の原料を確保するには、次のようなことが考えられる。

①下敷きほどの薄さで、書き換え可能な液晶表示板「電子の紙」の実現、ネットワーク化、ペーパーレス化などにより紙の使用量を減らす

②古紙のリサイクル率を上げる（現状60パーセントを70パーセント以上に）

③持続的な森林管理体制の確立

④食品・農業廃棄物（バガス、小麦のかすなど）の利用

⑤製紙用作物（ケナフ、ヘンプなど）の利用

一般的には①から⑤の順番で進める必要があり、①〜④を実行したのち、補完的な役割としてヘンプを製紙原料とするのがよいと考えられている。

日本国内の紙消費量は、日本製紙連合会によると、２００４年現在で約３０９５万トンである。そのうち、新聞・雑誌、普通用紙がリサイクルされた再生パルプが１８７０万トン（60・１パーセント）、国産・海外材からの木材パルプが１２２２万トン（39・５パーセント）、バガス（サトウキビのしぼりかす）やケナフなどの非木材パルプが３万トン（０・13

パーセント）となっている。木材から紙をつくるのが主流なので、ヘンプは非木材紙と位置づけられている。

ヘンプはさまざまな利点が指摘されているが、紙に限っていえば次の通りである。

利点

①生育期間が１００日と早く、アカマツなどの針葉樹にくらべて４倍以上のパルプ生産性量

②ツンドラ、砂漠、氷雪原以外なら、世界中のどこでも栽培可能

③輪作ができる

④栽培時に農薬及び化学肥料を必要としない

⑤繊維長が木材にくらべて長いため、何回もリサイクル使用できる

⑥通常に使用される木材紙にくらべ、保存期間が非常に長い

欠点

①かさばるため、輸送コストがかかる

②栽培作物のため、収穫後の保管場所の確保が必要

製紙原料の化学組成（100g中に含まれる％）

原料	セルロース	リグニン	ペンサン	ペクチン	タンパク質	灰分	アルコール・ベンゼン抽出物
ヘンプ	68.0	12.8	18.4	4.8	―	2.0	1.8
ケナフ	53.3	17.8	21.5	―	―	2.2	3.9
針葉樹	47.2~60.3	20.3~34.8	4.8~12.9	―	0.3~1.3	0.1~0.9	1.2~5.5
広葉樹	50.4~66.4	17.1~27.7	16.3~29.1	―	0.4~1.2	0.1~2.0	0.5~7.3

出典：『環境の21世紀に生きる非木材資源』より

③採算に合うだけの量の確保が必要

紙をつくるときに重要なのは、変色や劣化の原因となる木材の成分リグニンをいかにとりのぞくかである。一般的に木材の成分に含まれるリグニン量は多く、草（非木材）に含まれるリグニン量は少ない。

そのため、日本の大手の製紙会社は、既存の木材パルプの製造装置が非木材パルプの製造に適していないという理由で、非木材紙をあまり推進していない。そこで、設備投資に膨大な資金がかかっている既存の木材パルプ装置を生かすために、オーストラリアなどで、10年に径20センチ、高さ20～25メートルになる早生ユーカリを計画植林している。早生ユーカリの成長量は、年間1ヘクタール当たり12トンになり、これはヘンプ生産量に匹敵する。日本の製紙会社は、国産の非木材のヘンプではなく、ユーカリやポプラなどの早生樹木産業を海外で確立させようとしている。

日本で市販されているヘンプ紙

一般的な洋紙は、紙問屋の竹尾が販売している。その名も「麻紙ＧＡ《あさがみじーえー》」。中堅の製紙メーカー、三島製紙製である。

ヘンプ紙の風合いと環境対応の特徴を生かした商品となっている。その説明書には以下のように書かれている。

「ヘンプを50パーセント配合して麻の繊維の特徴を最大限に引き出し、底艶のある白さ、品を紙に持たせた。蛍光染料やブルーイング（染料を使って見た目の紙の白さをアップする方法）は一切行なわず、高白色度と高い不透明性を備えるばかりか、用紙の奥から白さが感じられるようになっている。風合いはヘンプの持つ荒々しさを細かなテクスチャーとして残し、印刷適性を持たせている。用紙の地の白さが4色を引き出せるように設計してある。さらに高級本文用紙として、自然に頁を開くことができる柔らかさを備える。表面には麻の特徴を持ち、紙は柔らかく、品と白さと不透明性をナチュラルに追求し

名刺の用紙

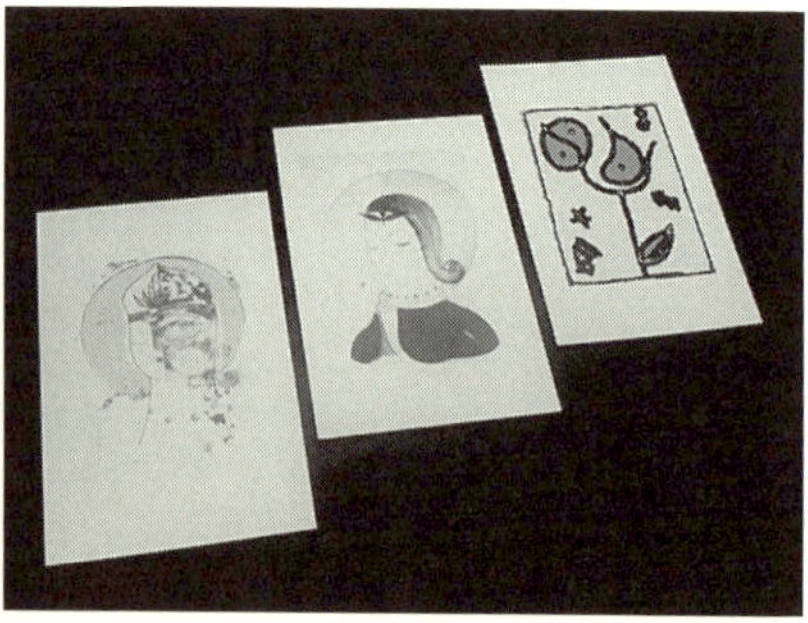
ポストカード

麻紙GAなどのヘンプ紙を使った製品

ている。」

この紙は、レーザープリンターの出力や大きなサイズの紙の出力がきれいなことから、グラフィックデザインをしている人には好評なようである。色は白のみで、紙の厚さはコピー用紙の薄さから葉書の厚さまで4種類あるので、グラフィックの作品、葉書、カレンダー、名刺などさまざまな用途に使われている。

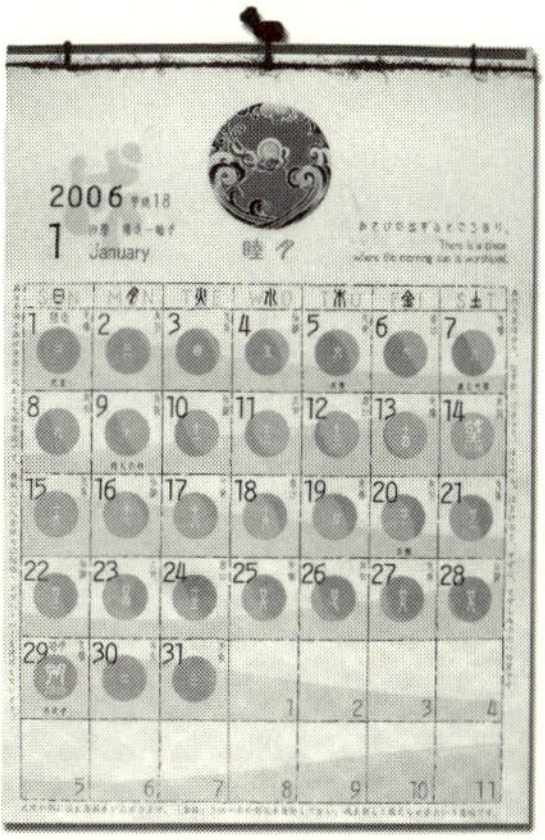

カレンダー

世界で使われているヘンプ紙

第二次世界大戦後にヘンプ栽培を禁止しなかった中国やフランスなどのいくつかの国では、パルプ原料としての栽培が続いており、その主な用途はシガレットペーパー（たばこの巻紙）である。日本のたばこ巻紙は、亜麻《あま》やマニラ麻のパルプが使われているが、ヨーロッパでは、亜麻とヘンプが50パーセントずつ入ったパルプからつくられている。数あるパルプ原料からなぜ麻が選ばれているのだろうか。

たばこの紙の条件として考えられるのは以下の5点だ。
・たばこの香りや味を引き立たせるために、無味無臭であること
・巻いてあるたばこの葉が透けてみえない、不透明性のものであること
・たばこに火をつけてから、たばこの葉と同じ速度で燃えなければならないこと
・燃えたあとのたばこの灰が、白くてきれいであること
・高速巻上機のスピードに耐えることができる強度と伸縮性をもっていること
このような条件を満たすのがヘンプパルプだったのである。

このほかにも、フィルター紙やティーバッグ、スケッチブックの紙など耐久性が重視されるものに使われている。
そして、一般的に使われている紙の中で、もっとも強靭性と耐久性が必要な紙幣にヘンプパルプが使われている。旧ソ連のルーブル紙幣や、2002年から流通しはじめたユーロ紙幣の一部に使われている。ちなみに、ユーロ紙幣の主原料はコットンパルプであり、そのほかの原料については最高機密事項のため明らかにされていないが、ヘンプ原料を提供している工場によれば、何パーセント含有しているかは不明だが、ヘンプパルプが混入していることは確実であるとのことである。世界で一番流通しているヘンプ紙がユーロ紙幣なのは間違

いない。

無薬品パルプ化装置でつくるヘンプ紙

現在、木材からつくられるパルプは、クラフト法によってつくられるパルプ(KP)が約8割を占め、「調木工程」(皮はぎ、チップ化など)→「蒸解《じょうかい》工程」→「洗浄・精選・脱水工程」→「漂白工程」から成り立っている。

このパルプ製造法では、「蒸解工程」で苛性ソーダと硫化ナトリウムを主成分とする薬液が使われ、漂白工程で次亜塩素酸塩や二酸化塩素などによる塩素漂白が行なわれる。もっとも漂白工程では、ダイオキシン発生の問題から、塩素を用いないECF(無塩素漂白法：二酸化塩素使用)や、酸素やオゾンなどを使うTCF(完全無塩素漂白法)に変わっているもののの、膨大なエネルギーと大量の薬品を使っているのが現状だ。

最近、無薬品パルプ化装置「紙造くん」が、優良パルプ普及協会によって開発された。これは、従来のクラフト法による蒸解や漂白に使う薬品が一切不要で、しかも低コストで小ロット生産できるものである。もともとは、小さな市民団体が栽培する国産の非木材ケナフから紙をつくるために開発された技術であり、原料を破砕してチップ化し、原料と水を特殊なグラインダーの歯をもつ無薬品パルプ化装置で擦りつぶすとパルプができるのである。

この装置は、２００１年にＪＩＣＡ（国際協力事業団）を通じて、廃棄されたバナナ繊維をパルプ化するために、中南米のハイチに設置され、『ミラクルバナナ』（学研）の絵本の紙に採用されて有名になった。

今では、地球温暖化防止の観点から、国内の間伐材を有効利用するため、環境ＮＰＯレインボーを通じて、東京都などの自治体が間伐材封筒や名刺を古紙75パーセント、間伐材25パーセントの割合でつくるのに利用されている。

さまざまな原料に対応していると聞いて、ヘンプ繊維と木質部のオガラを「紙造くん」でパルプ化して紙をつくってみると、繊維のほうは非常に品質のよい強靭な紙ができ、オガラのほうは広葉樹パルプと同じ性質をもつことがわかった。

環境にやさしい無薬品パルプ化装置「紙造くん」

この装置を使ったヘンプ紙はまだ製品化されていないが、原料200キログラムから紙をつくることができ、名刺にすると約8000箱（1箱100枚入り）できる。国内の小規模なヘンプ栽培に適し、しかも環境負荷の少ない製造法でできるのが魅力的だ。

ヘンプ紙は、やはり麻布ぼろでつくる？

野州麻紙工房の紙漉き体験でも経験したが、ヘンプは非常に強い繊維部をもっている。木材パルプでつくられた紙を古紙リサイクルする場合は、3〜5回が限度で、何回も紙にして使うと繊維が弱くなり、紙として適さなくなる。

一方でヘンプ紙は、1700年代につくられた聖書が、いまだにぼろぼろにならずにきれいな紙として現存していることから考えても、再生紙に適したパルプ原料といえる。何回リサイクルが可能かは、今後の実験データを待つしかないが、8回以上可能といわれており、木材パルプに10パーセント添加剤として混ぜた場合、非常に強い紙になることは実験で明らかになっている。

これから、ヘンプ紙が一般の普通紙として新しく製造されるのは、次のようなケースが考えられる。

①木材パルプの強化材として10パーセント程度混合させる

②途上国で紙の需要が急増しているものの森林資源がなく、製紙用作物によって、早急に紙産業を立ち上げる必要があるとき

③繊維工場から廃棄される繊維くずや繊維を採取したあとの茎（＝オガラ）を利用する
これは農業廃棄物の利用なのでヘンプ織物産業が増えれば実現可能である。

④ヘンプ布生産→使用→ぼろ布回収→ヘンプ紙原料という、昔のリサイクルを復活させる
紙のはじめの原料であったぼろ布の活用方法である。

④は、まさに温故知新である。石油が高騰し、化学繊維の生産量が減り、ヘンプ繊維が復活し、かなり流通するようになったらという前提はあるものの、頭の片隅に置いておいてもよいアイデアだと思っている。

10 ヘンプでプラスチックをつくる試み

植物由来プラスチックとは?

植物を原料としたプラスチックには、セルロース系、デンプン系、乳酸系、コハク酸系、酪酸系、グリコール酸系などかなり多くの種類がある。プラスチックの用途として、電子機器や自動車などの耐久材と包装材や食品に使われる非耐久材の割合は、だいたい半分ずつとなっている。

10年以上前から注目されている生分解性プラスチックは、主に非耐久材の用途であり、分解することが第一の目的となっていたため、樹脂の特性上、強度や耐熱性、耐衝撃性が低かったのである。そこで、研究開発が進められているのは、生分解性にこだわるよりもプラスチック製品の植物度を上げる方法だ。生分解性プラスチックと区別するために、植物由来プラスチックは、バイオマス・プラスチックという呼び方で統一されつつある。

バイオマス・プラスチックの特徴

・石油系プラスチックの代替によって二酸化炭素（CO_2）削減に貢献

分解されるとCO_2を発生させるが、もともとは植物が光合成してとりこんだCO_2なので地球温暖化を促進しない

・4000～7000カロリー（紙程度）と、ほかのプラスチックより熱量の発生が少なく焼却炉を傷めない

・透明性から不透明性、軟質から硬質など、汎用プラスチックの用途に使用可能

・汎用プラスチックの3倍という価格が、本格的な普及を妨げている

植物由来プラスチックと生分解性プラスチックの領域図

	石油由来	植物由来 ＝バイオマス・プラスチック
生分解する	生分解性プラスチック （脂肪族ポリエステルなど）	生分解性プラスチック （ポリ乳酸、デンプン系など）
生分解しない	汎用樹脂（ポリプロピレン、ポリエチレン、ポリスチレンなど）	大豆ポリオール、大豆ポリウレタン

出典：日本有機資源協会の資料より

バイオマス・プラスチックの可能性

身の回りの製品のほとんどが石油製品という状況の中で、バイオマス・プラスチックを普及させるには、「植物度」という三井化学により提唱された、製品中に含まれる植物由来成分の含有量を示す指標をとり入れるとわかりやすい。

プラスチックの用途

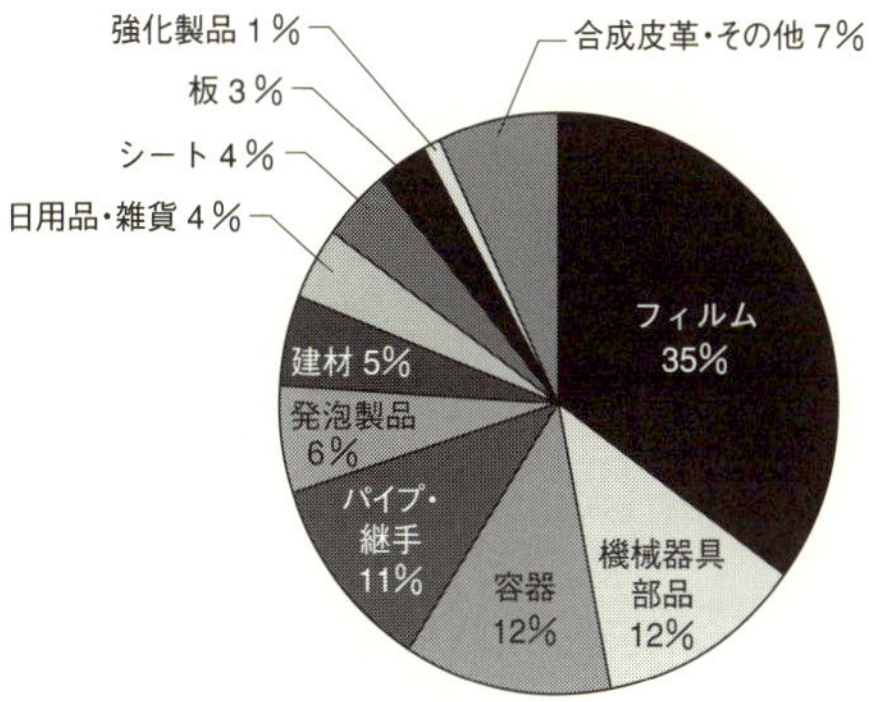

出典：経済産業省「プラスチック製品統計　2004年度」より

フィルム：農業用（温室・温床）、スーパーの袋・ラップ等包装用、加工紙など
シート：包装パック材（たまご・果物用など）
板：波板（屋根や壁に使われる波型の板）、看板、ドア、止水板（ダムやトンネルなどの浸水を防ぐ板）など
合成皮革：かばん・袋物、靴、自動車・応接セットのシート、衣料用など
パイプ・継手：水道用、土木用、農業用、鉱工業用など各種パイプ・継手
機械器具部品：家電製品、自動車、OA機器など各種機械器具部品
日用品・雑貨：台所・食卓用品、文房具、楽器、玩具など
容器：洗剤・シャンプー容器、灯油缶、ペットボトル、ビールのボトルケースなど
建材：雨どい、床材、壁材、サッシのガラス押さえ（ガスケット）など
発泡製品：冷凍倉庫・建物などの断熱材、電気機器・精密機器の緩衝材、魚箱など
強化製品：浴槽、浄化槽、ボート、釣竿、スポーツ用具など
その他：各種ホース、照明用カバー、結束テープなど

この「植物度」は、植物由来成分の含有量が高ければよいということではない。植物由来成分を含有する新規のプラスチック製品が、代替しようとする既存のプラスチック製品に比較して、どの程度環境負荷低減に寄与するかを明確に説明することが必要となる。

エコ製品の普及に大きな貢献をした「グリーン購入法」という制度の中に、「植物度」の指標を入れるのがよいと思われる。グリーン購入法は、リサイクルや省エネという観点で、文具から家電製品、産業用資材を評価し、自治体や企業やお店が製品を購入するときの指針になっている。この制度をおおいに利用したい。

現在のバイオマス・プラスチックは第一世代といわれ、トウモロコシやジャガイモなどの食べ物を原料にして、化石資源である石油を製造エネルギーに使っている。次に、食べ物にならない農業廃棄物やヘンプのような生産性の高い作物を原料として、製造エネルギーは同じく石油を使うものが第二世代と考えられている。そして、第三世代では製造エネルギーを太陽光・風力・バイオマスなどの自然エネルギーにかえて、完全な循環型の生産システムにする。このようなステップによって、製品の植物度を上げることができ、循環型社会をつくることができると考えられている。

ヘンリー・フォードのヘンプカー

自動車王のヘンリー・フォードは、土からできるオーガニックカーを研究していた。アメリカでヘンプ栽培の規制につながったマリファナ課税法が制定される1937年より前のことである。当時の試作車としてできた車は、ヘンプやサイザル麻からできた樹脂をベースとして、燃料もヘンプなどの植物を発酵させたエタノールで走らせた。このことは、1941年にポピュラーメカニック誌に掲載され、鉄鋼でできた同型の車よりも重量が3分の2で、衝撃強度が10倍と発表されている。1世紀前に開発された農作物から車をつくる技術は、21世紀になってダイムラークライスラー（メルセデスベンツ）やトヨタ自動車などの最新技術のトピックとして再び取り上げられている。

フォードがつくったヘンプ製の試作車

出典：“Popular Mechanics” December 1941
http://www.chaozation.com/politics/hemp/FordHemp.htmから引用

ベンツに使われているヘンプ

ヘンプ繊維と既存のプラスチックを混ぜた複合材料は、すでに実用化されている。メルセデスベンツ、BMW、アウディをはじめとした海外の自動車会社が車体の内装材に使っている。この技術は、複合材料という分野である。

通常、プラスチックの強度を上げるには、ガラス繊維（グラスファイバー）と混ぜるのが一般的であるが、自動車リサイクル法、拡大生産者責任の観点から、亜麻やヘンプなどの天然繊維に代替されつつある。ドイツの事例では、2003年の自動車生産台数は550万台（乗用車及びトラック）で、自動車分野における天然繊維の使用量が8・8万トンあり、1台当たりにすると16キログラムの天然繊維が使用されたこととなる。

複合材料には、マトリックス（母材）と強化材（充填材）の組み合わせによって、さまざまな機能をもたせる。自動車内装材であるドアトリム（写真）の場合は、不飽和ポリエステルをマトリックスとし、ヘンプ繊維を強化材に使用して、プレス成形の一種であるSMC（シート・モールディング・コンパウンド法）によってつくられている。

ヘンプを含む天然繊維は、ガラス繊維などよりも密度が軽いため、車を軽くでき、強度などの機械特性面で同等もしくはそれ以上の特性をもち、コストやエネルギー消費を格段に抑

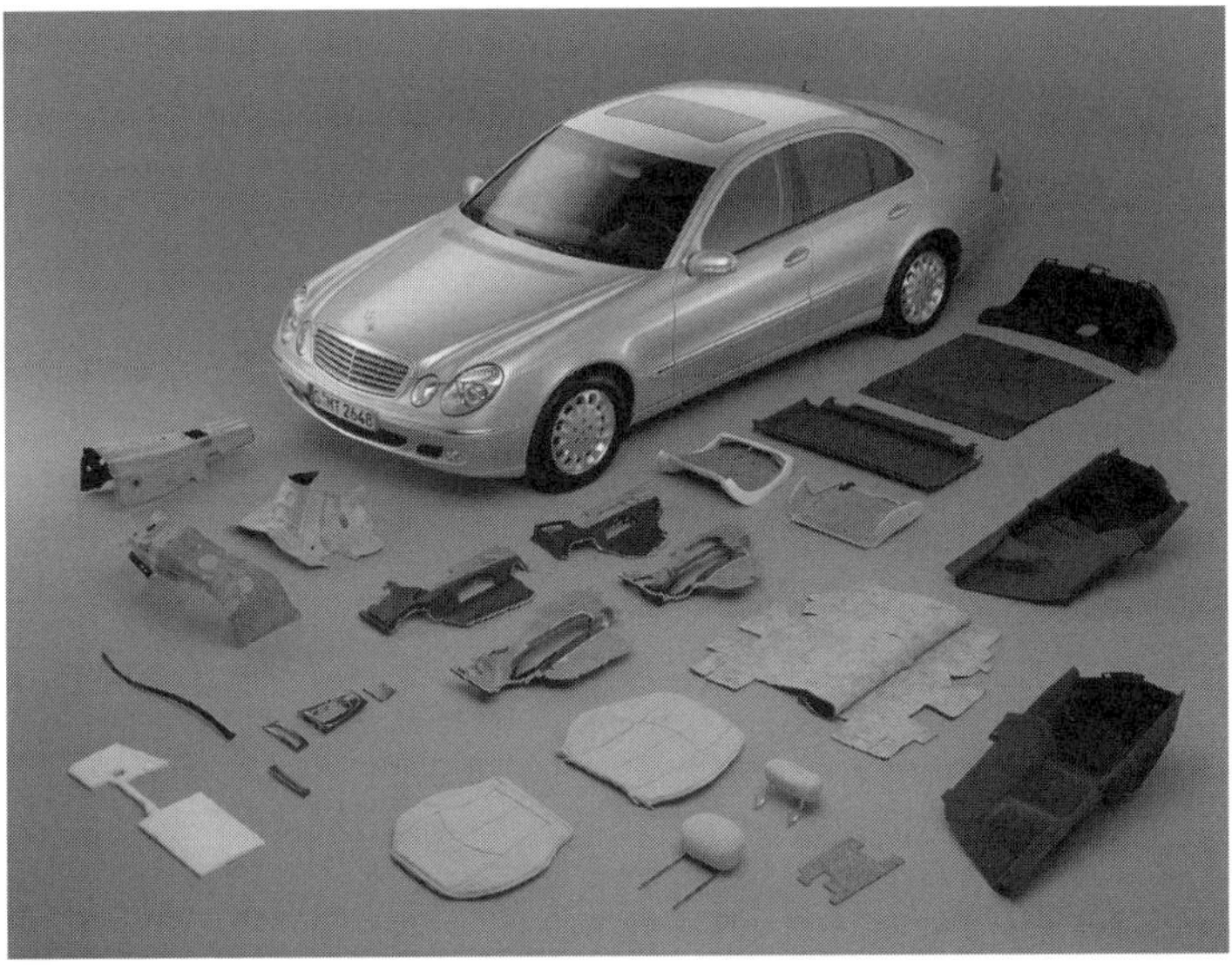

ヘンプ繊維を使ったメルセデスベンツの内装材

複合素材として使われるヘンプ繊維の性質

	ヘンプ	苧麻（ラミー）	コットン	ガラス繊維
密度（g/cm^3）	1.48	1.5	1.51	2.55
引張強度（Mpa）	550〜900	500	400	2,400
弾性率（GPa）	70	44	12	73
比弾性率（Gpa）	47	29	8	29
伸度（%）	1.6	2	3〜10	2
水分吸収率（%）	8	12〜17	8〜25	0

出典：Composite Science and Technology 63, 2003, p1259

えることができる。単に法的規制、環境問題対応だけでなく、メーカーにとっても大きなメリットがあるのである。性能が一緒で、軽量化、省エネ、低コストが実現できるならば、今後、自動車メーカーだけでなく、住宅建材メーカーや樹脂メーカーなどにも天然繊維の利用が広がっていくだろう。

プラスチック材料に使う試み

オムツカバーの廃棄物（ポリスチレン）に100ミクロン以上に微粉砕したヘンプ粉を10パーセント混入したCDケースが、2000年にボトルメーカーの竹本容器を含めた研究チームによって開発された。その後、2002年に海外で同様のヘンプ15パーセント混入のものが開発され、販売が開始された。現在では、計り器の外側のボディに使った製品がヨーロッパで販売されている。

また2004年からは、ポリプロピレン、ポリエチレン、ABS（アクリロニトル・ブタジエン・スチレン）、PVC（塩化ビニル）などの汎用樹脂と、ヘンプ繊維30パーセントが混錬された天然繊維強化樹脂（NFRP）が開発され、既存のプラスチックの成形機（射出成形や押型成形）に対応した樹脂が流通をはじめている。この樹脂は、石油使用量を30パーセント削減し、ガラス繊維と同等の比強度の特性をもち、価格が汎用樹脂と同等であるという特徴がある。

この樹脂を開発したフランスでは、食品をコンテナやトラックで運ぶための食用パレットに採用されている。これは従来のガラス繊維強化樹脂とくらべて、天然繊維強化樹脂は軽いという点が採用された理由のようだ。日本では、この樹脂をうちわの柄に使った商品が市販されている。

トウモロコシ由来のポリ乳酸を使った例では、石油の時代から植物の時代への架け橋という意味をこめて、フォルムによってお箸が商品化されている。

また、サーフボードをヘンプでつくるという試みもはじまっている。ビックフィールドでは、従来のサーフボードで使われてきたガラス繊維のかわりにヘンプ布を使い、フ

日本で開発されたヘンプサーフボード

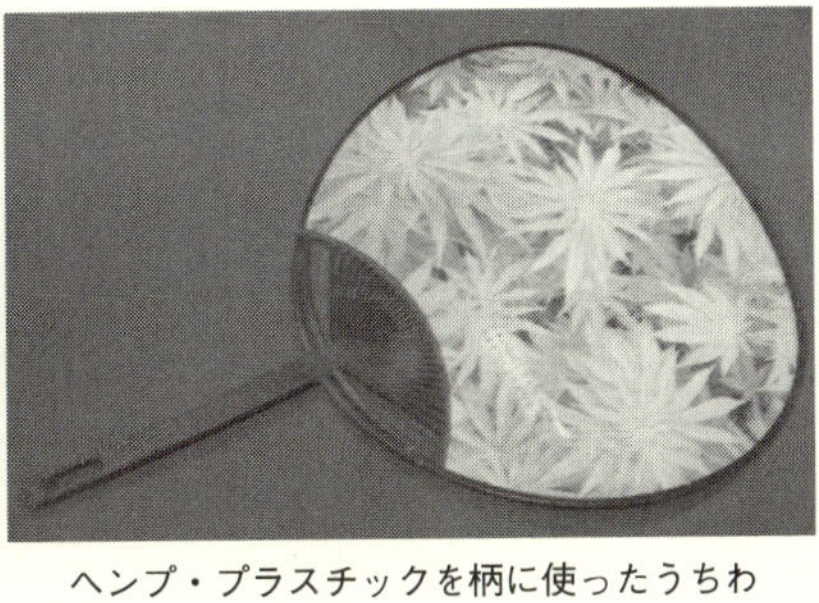
ヘンプ・プラスチックを柄に使ったうちわ

ォームの部分にトウモロコシ由来のポリ乳酸の発泡体を使用したバージョンも商品化している。

ヘンプからプラスチック樹脂をつくるには？

これまでのヘンプからプラスチックをつくる試みは、紹介した事例のように、ヘンプを既存の石油系プラスチックの充填材料や強化材料として使うことであった。

ヘンプそのものからプラスチック樹脂をつくるには、ヘンプの茎を利用した①ポリ乳酸樹脂、②セルロース系樹脂、③リグニン樹脂の3つが考えられる。

ヘンプは、植物繊維であり、主にセルロースと呼ばれる高分子（ポリマー）から成り立っている。その化学成分は、靭皮部（繊維）と木質部（オガラ）では少々違う。

ヘンプの主成分（%）

	靭皮部（繊維）	木質部（オガラ）	全体
セルロース	73.6	46.58	48.32
リグニン	6	21.92	17.8
ペントサン	6.5	25.4	17.08
灰分	4.3	2.2	2.47
1%NaOH抽出物	14.74	12.4	31.32

出典：ポーランド天然繊維研究所の資料より

①ポリ乳酸樹脂

バイオマス・プラスチックで有名な「ポリ乳酸」は、トウモロコシやジャガイモなどのデンプンを分解酵素でデキストロースなどの糖質にし、それを餌に乳酸菌発酵により乳酸をつくり、これを重合《じゅうごう》してつくる。

トウモロコシやジャガイモのデンプンだと、ポリ乳酸の変換効率が70パーセントだが、ヘンプはセルロースが主体なので、前処理が必要なこともあり、セルロースからポリ乳酸をつくる効率は今の技術では30パーセントしかない。したがって、木材や草であるヘンプなどのセルロース原料からポリ乳酸をつくることを実用化している企業はない。ちなみに生分解性プラスチックの乳酸発酵のところをアルコール発酵にすれば、エタノールができ、ガソリン代替燃料となる。

セルロース加水分解→多糖類→乳酸発酵→ポリ乳酸（生分解性プラスチック原料）
→アルコール発酵→エタノール（バイオ燃料）

②セルロース系樹脂

セルロース系樹脂は、世界で最初のプラスチックとして誕生し、玩具や人形に使われ、セルロイドという名で知られているが、大変燃えやすいので、最近ではあまり生産されなくなっている。

その代わりに酢酸セルロース（アセチルセルロース）がつくられ、これからつくった生分解性樹脂がダイセル化学工業によって実用化されている。現在は、コットンのくずや木材パルプから製造しているが、セルロース分が多いヘンプからの製造も可能である。

・前処理工程
麻茎&オガラ→チップ化→パルプ化→パルプ（セルロース）
→残渣（リグニン）

・ポリマー製造工程
パルプ→酢酸セルロース（ダイセル化学工業が実用化ずみ）

・成形加工工程
セルロース系は、生分解性プラスチックの中でもっとも成形加工が容易

③リグニン樹脂

木材やヘンプ茎に含まれるリグニンの変換技術は、長年の研究によって、ようやく基本技術が確立されつつある。三重大学で開発された「相分離システム」により誘導した新しいリグニン素材（リグノフェノール）と、パルプなど炭水化物の繊維（ファイバー）を使えば、

植物度の高い製品ができ、衣類やパソコン、携帯電話、自動車などさまざまなプラスチックの用途に使える原料となる。

しかも、廃棄するときには、リグノフェノールを溶かす溶液に浸せば、もとのリグノフェノールとファイバーに分離し、また違う用途に成形加工でき、半永久的にリサイクル可能なものなのだ。まるで魔法のような技術であるが、石油ももともとは、太古の昔から蓄積された植物の死骸であり、現存する植物を原料にして同じものがつくれても何の不思議もない。

この技術は木材の新たな利用を目的として開発されているが、草木性の作物のほうが適していることが実験によって明らかになっており、生産性の高いヘンプが原料として採用される可能性が高い。

ヘンプ・ナノテクノロジーで楽器をつくる

ヘンプの繊維は、大きさによって使われる用途が違ってくる。例えば、ヘンプからつくられたマットやフエルト状のものは、不織布と呼ばれ、繊維と木質部を分ける一次加工でできる粗い繊維から製品化できる。テキスタイル用は、紡績糸をつくるために直径50〜100マイクロメートル（＝1ミリの1000分の1）まで細くして、糸になる前の繊維の束（スライバー）にして糸をつくる。汎用樹脂と天然繊維を混ぜて、複合素材とする場合は、繊維長を5ミリ以下、平均3ミリとし、直径50マイクロメートル以下となる。さらに、細かくなると直径20マイクロメートル以下のパルプになる。

このパルプ用の繊維をさらに細かくしたものがミクロ・フィブリル・セルロース（MFC）と呼ばれるものだ。セルロースの分野では、繊維を構成する最小単位は4～10ナノミリ（ナノは1ミリの100万分の1）であることはよく知られており、このサイズのものがプラスチック材料に使えることが京都大学の矢野浩之教授らによって明らかになった。

例えば、MFCにフェノール樹脂を10

繊維の使われ方

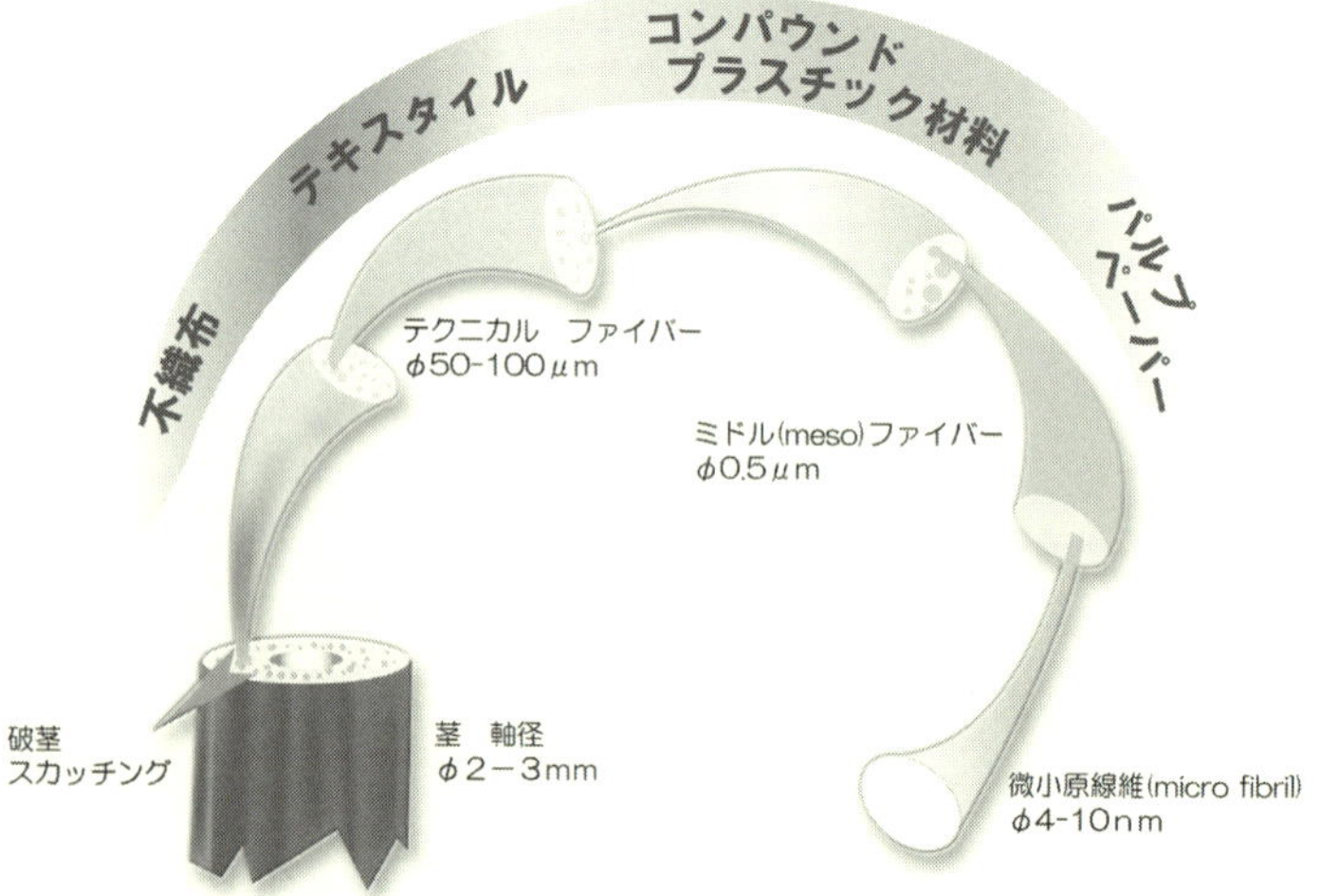

出典：バイオマス産業社会ネットワーク『石油から植物へ』より

～20パーセント複合したMFC-PF複合成型物は、パルプ繊維-PF複合成型物にくらべて破壊されにくく、曲げ強度は、軟鋼やマグネシウム合金に匹敵する強さになる。一方、MFC成型物は、密度1・5グラム／立方センチであり、軟鋼（密度7・8グラム／立方センチ）、マグネシウム合金（密度1・8グラム／立方センチ）にくらべ軽量である。

従来は、MFCは1キロ8000円もしていたが、新しく考案された処理方法によって、300～400円でできるようになった。こうなると今まで、バイオマス・プラスチックが苦手であった電子機器や自動車部品などの過酷な環境で使われる耐久品に使え、軽量化できる特徴を備えた素材になる可能性が出てきたのである。現在は木材や竹などで研究がされているが、ヘンプにもこの技術を適用することができる。

ヘンプを使った例では、ミクロ・フィブリル・セルロースの原理を応用した「ゼロフォーム」という方式で、100パーセント生分解性のパルプ樹脂を使っ

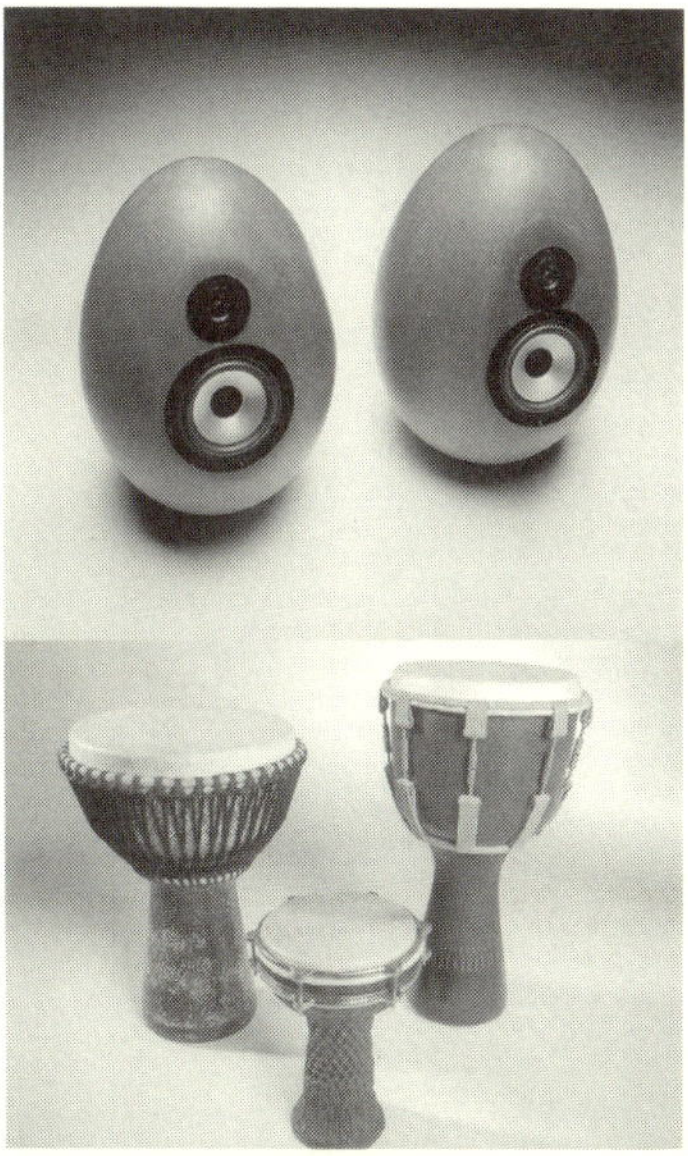

ゼロフォームの製品
上：スピーカー
下：アフリカの打楽器ジャンベ
ボディ部分にゼロフォームの技術でつくられたヘンプ樹脂が使われている

てオーストラリアの先住民族アボリジニーの楽器ディジュリドゥーや椅子や小鉢を製品化している。ヘンプは、ハイテク産業のナノテクノロジーを支える素材にもなることができるのである。

11 ヘンプエネルギーで車が走る

ヘンプカー、北海道から沖縄まで走る

ここでいうヘンプカーとは、2002年4月から9月にかけてヘンプの種子油をバイオ燃料に加工して、北海道から沖縄まで1万2500キロメートルの日本縦断の旅をした車のことである。

このヘンプカーは、全長8・5メートルの4トンロングトラックを6名乗りのキャンピングカーに改造したディーゼル車で、ヘンプビール「麻物語」を製造している新潟麦酒の宇佐美社長の所有する車を借りて行なった。燃料のヘンプオイルは、Industrial Hemp Club Japan（関西消費者倶楽部）とヘンプ・レストラン麻の2社から合計2600リットルを提

供された。

もともとは、2001年にアメリカで実施されたヘンプカープロジェクト（北米大陸一周）にヒントを得て、hemp-info という、ヘンプに興味のある人や会社やお店で構成されている日本のメーリングリストで議論したのがきっかけだ。植物油でディーゼル車が走るということ自体が、一般の人にはほとんど知られていなかったことと、ちょうど東京都の石原知事が、ディーゼル車の黒煙問題に着目し、都内でのディーゼル車規制の方針を出したときだったので、非常に話題性があった。

実は、約100年前の1898年にルドルフ・ディーゼルがディーゼルエンジンを設計したとき、彼はそれをピーナッツ油で動かした。ディーゼルは、大資本と大がかりな装置が必要で、燃費の悪い蒸気エンジンが企業家に独占されている状況を懸念して

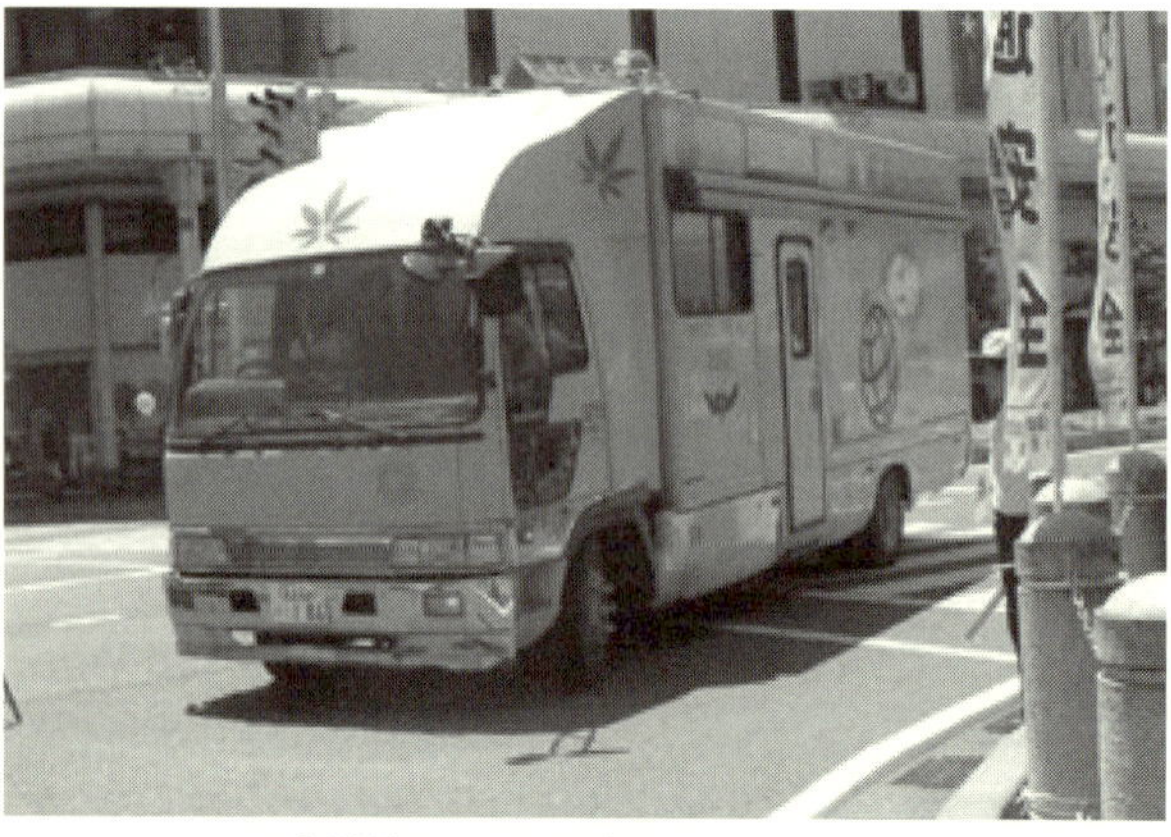
日本縦断12,500kmを走行したヘンプカー

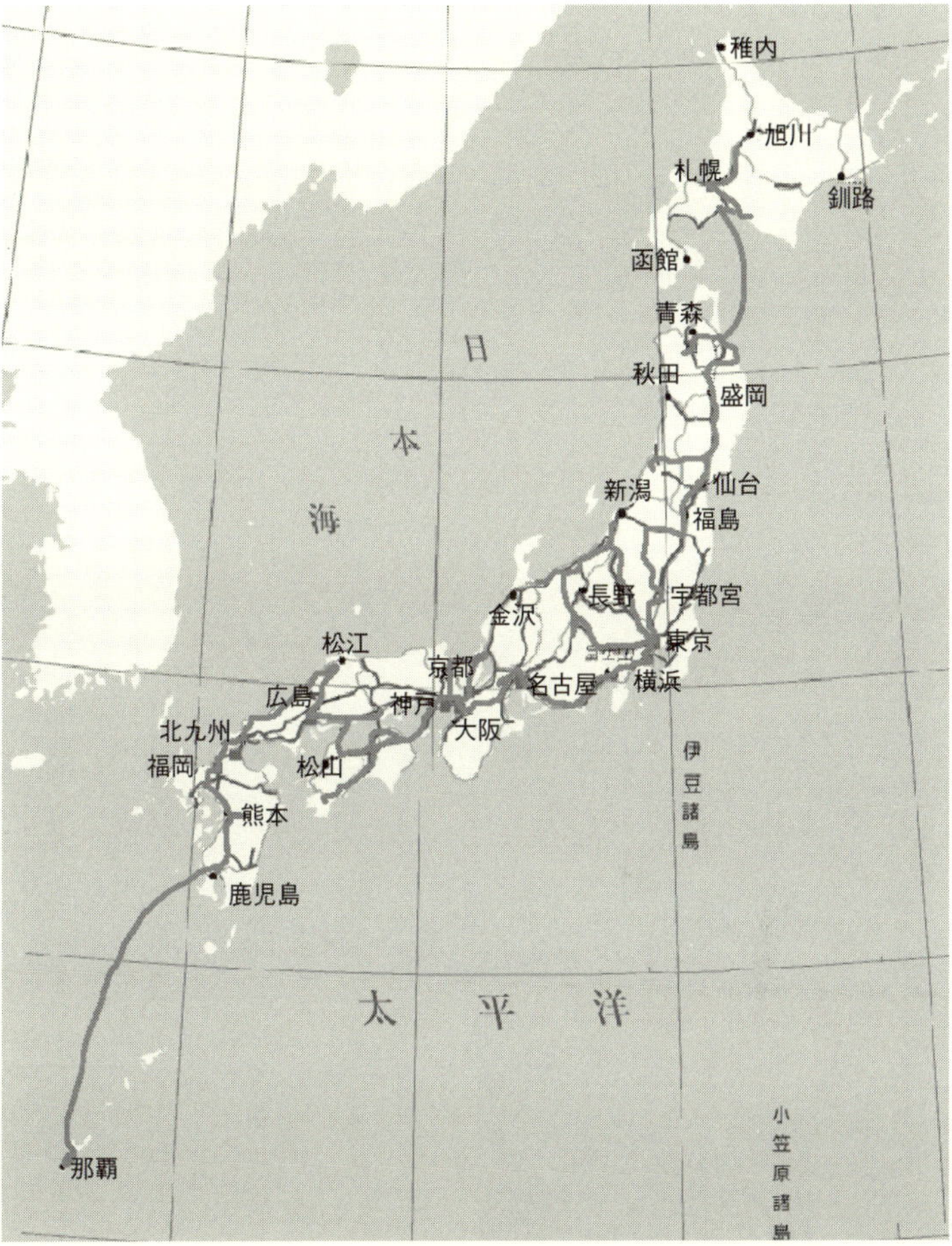

ヘンプカーの走行ルート
2002年4月29日に北海道の滝川市を出発し、8月30日に沖縄県那覇市に到着、
9月4日に神奈川県横浜市で開催された展示会をゴールとした

いた。そこで、小農民や職人たちが、地元で生産できる原料から地域で製造できる燃料を使って、むだなく出力する機関としてディーゼルエンジンを開発したのだ。ディーゼルエンジンはもともと「適正技術（appropriate technology）」と呼ばれる、地域と人々の自立のための出力機関として、燃料には地域で生産でき再生可能な植物油を使うことを念頭に開発されたのだ。

　東京都は、大気汚染の元凶としてディーゼル車NO作戦を展開するなどして、「環境破壊」の悪役のイメージをもたらした。そこで、ヘンプカーの使命は、ディーゼルエンジンに石油から

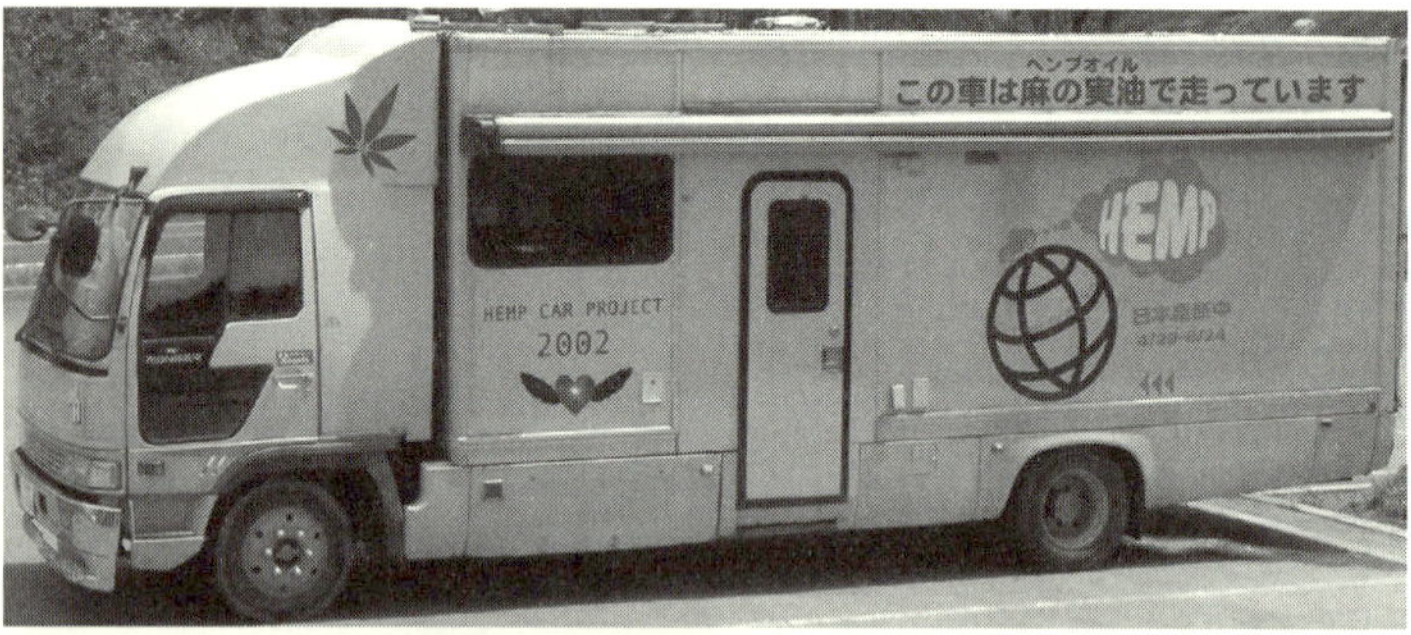

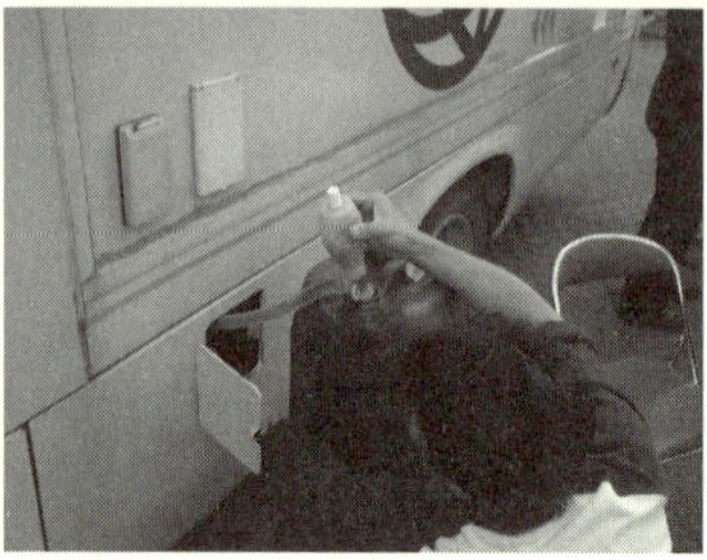

上：ヘンプカーを横側からみたところ
左：バイオ燃料に加工したヘンプオイルを入れている様子

できた「軽油」を燃料として使うのが問題なのであって、植物油を使えば、ディーゼルエンジンは環境によく、効率のよいエンジンであるということを証明することにあった。それは、ある意味でディーゼル氏の名誉回復運動でもあったのだ。

ヘンプオイルをバイオディーゼル燃料にする

バイオディーゼル燃料をつくる際には、化学反応の「平衡」の理論が使われている。例えば次のような化学反応の場合、反応の方向は逆転することができる。

A＋B→C＋D

A＋B←C＋D

バイオディーゼル燃料をつくるときの化学反応を「エステル交換」という。ヘンプオイルの化学反応を、右の反応式に当てはめてみると次のようになる。

A（ヘンプオイル）＋B（メタノール）→C（メチルエステル）＋D（グリセリン）

実際には、ヘンプオイルに純度の高いメタノール＋触媒（水酸化ナトリウム＝苛性ソーダ・NaOH）を混ぜて加熱すると、メチルエステル＝バイオディーゼル燃料となる。粘度が高く、どろどろしたグリセリンを受け層で沈殿させてとりのぞき、水洗と脱水（真空乾燥）を行ない、冷却、ろ過、貯蔵してできあがる。

こうしてできたバイオディーゼル燃料は、石油系のディーゼル燃料（軽油）より、環境と健康への害がとても少ない燃料だ。どんな車でも船でも発電機でも、ディーゼルエンジンで動く機械なら改造する必要はなく、そのままバイオディーゼル燃料をタンクに注いで使うことができる。

日本でも廃食油（天ぷら油など）からバイオディーゼル燃料をつくっているところがいくつかある。有名なのは、今回のヘンプカー用にヘンプオイルをバイオ燃料に加工していただいた染谷商店や滋賀県愛東町の菜の花エコ・プロジェクトだ。なんと京都市のゴミ収集車200台がバイオディーゼルで動いている。

軽油とくらべてバイオディーゼルは、

①酸性雨の原因である硫黄酸化物（SO_x）を出さない
②呼吸器障害の原因となる黒煙が3分の1以下になる
③軽油と変わらぬ燃費と価格（廃食油利用の場合）
発熱量は1キログラム当たり、バイオディーゼル：9600キロカロリー、軽油：1万9

30キロカロリー。
バイオディーゼルの価格は、1キログラム80円（染谷商店の場合）。
④車の改造の必要なし
⑤軽油にバイオディーゼル燃料を混ぜると有毒物質の排出を抑え、潤滑性を向上させるバイオディーゼル燃料を1パーセント加えると、潤滑性は65パーセント向上する。

実際に日本を縦断したヘンプカーでは、燃費は1リットル当たり、軽油で4・3キロメートル、バイオ燃料加工ヘンプオイルは4・8キロメートルだ。染谷商店によると植物由来のほうが完全燃焼しやすいために多少燃費がよくなったという。

現実的には、ヘンプオイルは栄養価が高いので車の燃料に使うよりも食べたほうがよいかもしれない。しかしヘンプは、石油が枯渇した場合、生産性の高い油糧作物のひとつと

油糧作物の生産性

作物名	油生産量（kg/ha）
アブラヤシ	7,800
ココヤシ	1,500
ひまわり	880～1,670
オリーブ	400～5,000
菜種	380～1,200
紅花	630
亜麻	700
大豆	380
ヘンプ	140～700
綿花	290

出典：『エネルギー作物の事典』より

して考えられているため、軽油代替燃料の確保のために栽培が奨励される可能性がある。

海外でも日本でも、現時点では、バイオ燃料の量的確保の問題、寒冷地だと粘度が上がって詰まりやすいという点から、軽油80パーセント、バイオ燃料20パーセントのＢ20やＢ５という規格で販売されている。５～20パーセントほど混ぜれば、黒煙や硫黄酸化物、窒素酸化物もかなり減少するので、今のところは、この燃料規格で十分である。

ちなみにヘンプカーでは、バイオ燃料加工会社である染谷商店には、20パーセント混合でよいといわれていたが、キャンペーンということもあったので、１００パーセントヘンプオイルにこだわった。

ガソリン車にはエタノールを添加しよう！

自動車王のヘンリー・フォードが、１９０８年に初めてＴ型フォードを設計したときに燃料としてエタノールを考えていたそうだ。１９３０年代にトウモロコシからつくった「ガソホール」というエタノールを扱うスタンドがアメリカで２０００カ所以上できたが、石油が安くなって石油からできたガソリンが広まり、ガソホールは消えていったという。

それから時代を経て、１９７９年、中東の石油危機で、アメリカ市民がガソリンを求めて長蛇の列をつくり、国家の安全保障の問題となったとき、代替エネルギーとして再びバイオ燃料が注目された。

このとき、エタノールとガソリンのブレンドがアメリカの市場で流通しはじめた。エタノールはエチルアルコールとも呼ばれ、常温で無色透明な液体で、サトウキビやトウモロコシに含まれるデンプンや木材のセルロースをアルコール発酵させることによって、製造することができる。

ガソリンにブレンドすることによって、次のような利点がある。

①エタノールを入れた割合だけ地球温暖化の原因となるCO_2の排出量が減少
②酸性雨の原因となる硫黄酸化物（SO_x）の排出ゼロ
③一酸化炭素・炭化水素（すすや黒煙）が少なくなり、大気汚染防止になる
④政策的には、石油価格高騰などの情勢に対応し、持続可能な燃料への転換となる

アメリカでは、1990年の大気浄化法改正をきっかけに、ガソリンの混合剤としてエタノールの需要が大きくなり、10パーセントのエタノールを含むE10がもっとも出回っている。また、エタノール85パーセント、ガソリン15パーセントの燃料規格E85という混合燃料は、政府の輸送車、エタノール混合燃料に対応したエンジンを搭載したフレキシブル燃料乗用車

（ＦＦＶ）や都市バスに使われ、その数が急速に増えている。

　アメリカでは、毎年、約15億ガロンのエタノールのほとんどが、トウモロコシから生産されている。しかし、エタノールの需要が増えるにしたがい、エネルギー用に栽培された作物、農産物や木材のくず、都市のゴミなどからつくられるようになってきた。

　前回のヘンプカーは種子油を使ったが、茎からエタノールをとりだして利用す

さまざまな技術でつくられるエコ燃料

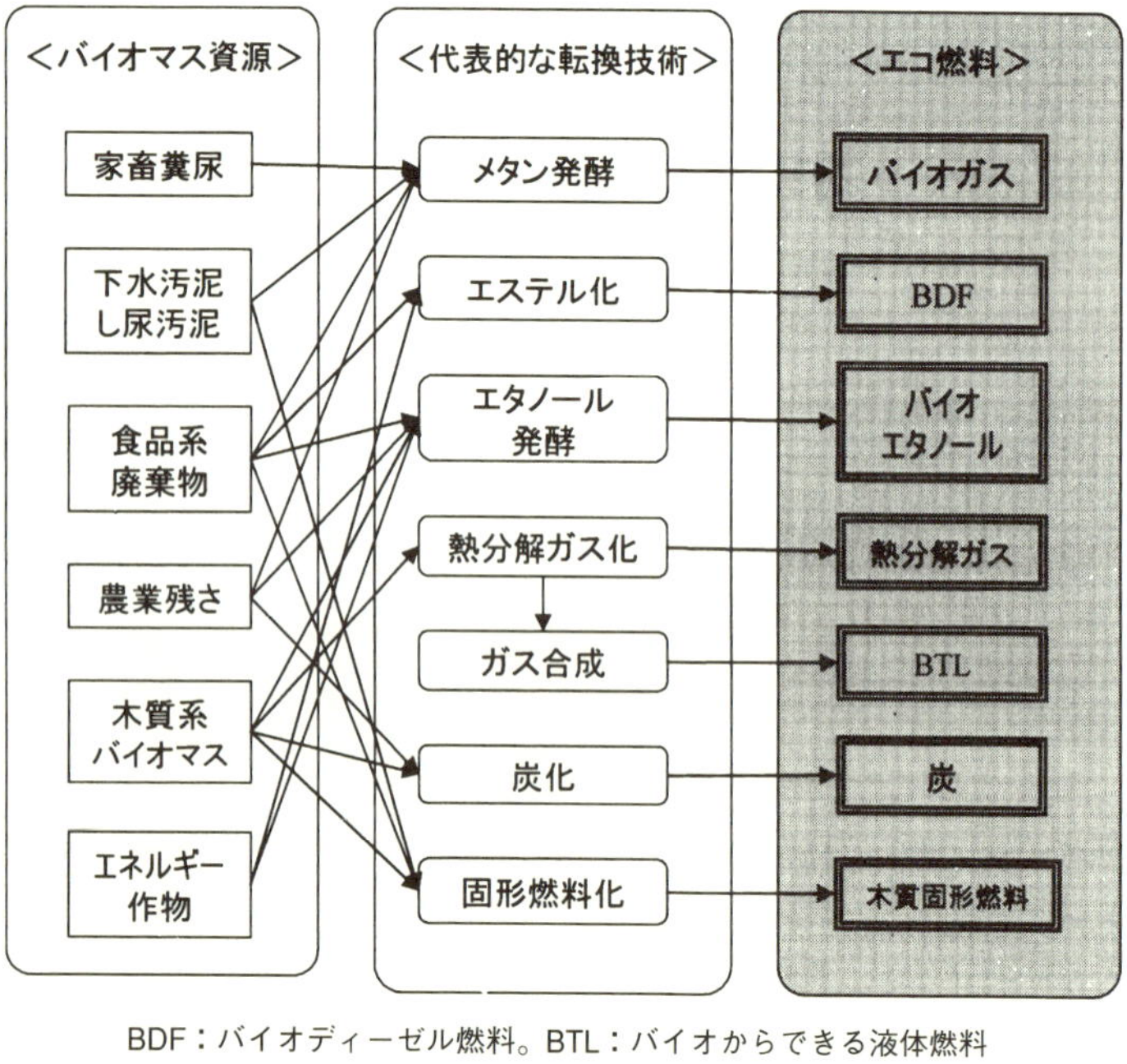

BDF：バイオディーゼル燃料。BTL：バイオからできる液体燃料
出典：環境省　エコ燃料利用推進会議の資料より

ることも可能になってきた。

ヘンプの茎の生産量は、1ヘクタールで乾燥重量にして少なくとも8トンある。今の技術だと4分の1ぐらいエタノール化ができるので、約2000リットルは確保できそうである。ヘンプオイルの420リットルにくらべて5倍も効率がよい。エタノール化する製造プラントは、どんな有機物でもたいていは製造が可能なので、石油高騰の状態が続けば、今の経済価値でも採算ラインがみえてくる。

日本でも地球温暖化対策のひとつとして、ガソリンにエタノールを添加剤として3パーセントまで混入するのを認めるE3という燃料規格が、2003年8月に「揮発油等の品質確保等に関する法律」によって定められた。これをきっかけにガソリン混合燃料のE10やE85などエタノール比率の高い燃料規格が早く定められて、日本での普及が望まれるところである。

バイオマス・エネルギー社会が来るのか？

持続可能な社会をつくるには、人口安定とエネルギー消費の関係を考えなければならない。次ページの図をみると産油国と南アフリカを除いて、人口が安定した状態というのは、女性一人当たりの生涯出生率が２・０であり、そのときのエネルギー消費量は石油換算で一人当たり１・５キロリットル／年である。

持続可能な社会をつくるひとつの条件は、発展途上国はこのエネルギー消費量まで発展させ、逆に先進国は、エネルギー消費量を下げることが求められる。全世界がこの目標を２０５０年に達成させるという目標をもつならば、２０５０年に人口は90億人で、１３５億キロリットルの量を確保しなければならない。

バイオマスの資源量でもっとも多いセルロース資源から、１ヘクタール当たり５～10キロリットルのエタノール

世界の人口とエネルギー消費の関係

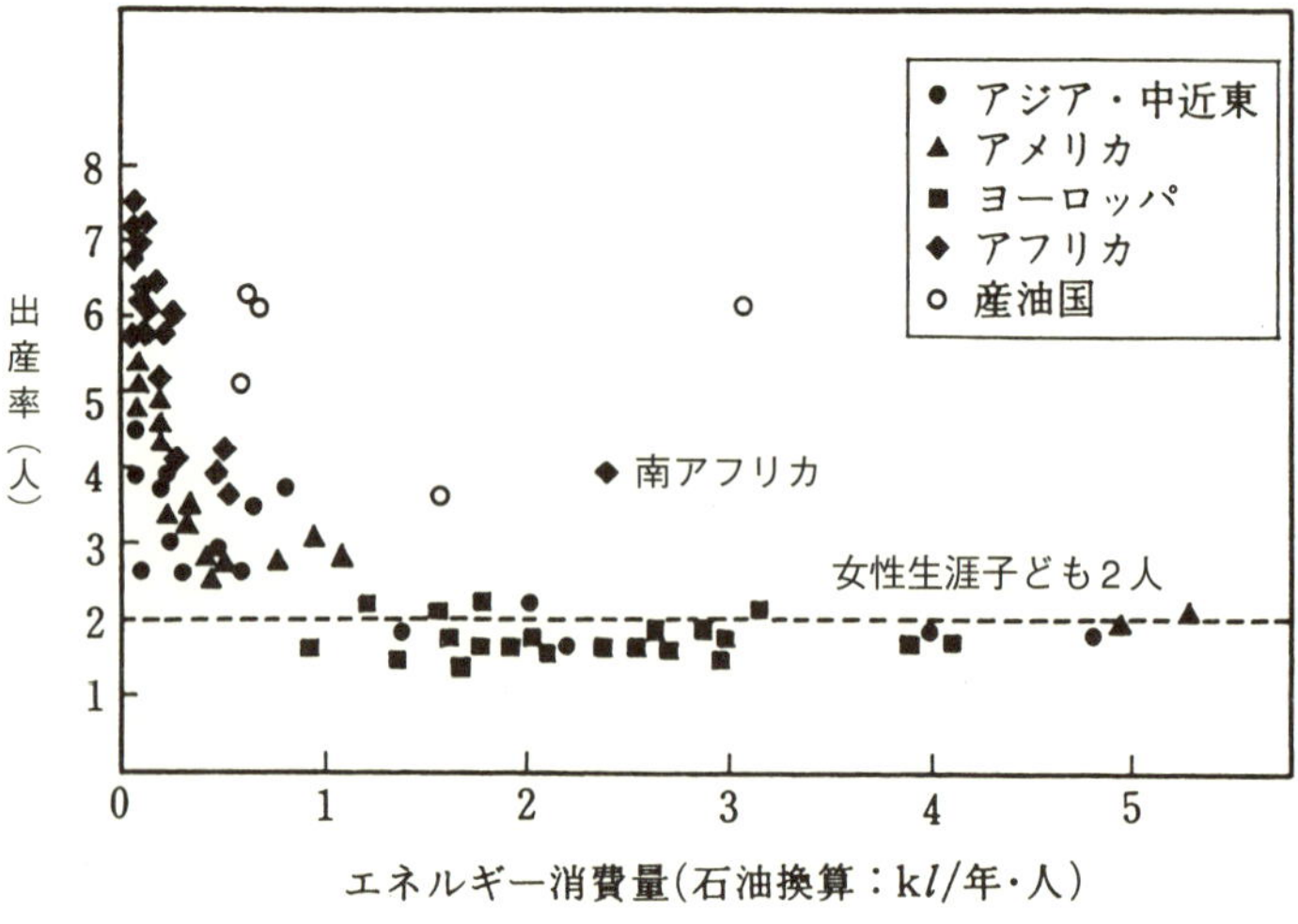

出典：『バイオマスが拓く21世紀エネルギー』より

やメタノールなどのバイオ燃料がとりだせるとすれば、その原料を生産するのに必要な面積は13・5億～27億ヘクタールとなる。これは、現在の世界の森林41・8億、草地33・6億、耕地14・5億、砂漠化進行中24億ヘクタールの合計114億ヘクタールの中から調達可能な数字である。

日本のケースで考えると一人当たりの一次エネルギー消費量は、2002年で石油換算4・1キロリットルである。前述の目標値1・5キロリットルは、1960年代後半の生活水準であり、約63パーセントのエネルギー消費の削減によって達成しなければならない。

一方、一次エネルギーの約8割を石油、石炭、天然ガスの化石燃料が占める現在、地球温暖化防止にはどれぐらいのCO_2削減が必要になるのだろうか。国立環境研究所の試算によると、2050年までに1990年度比で60～90パーセントほどCO_2を削減しないと、地球温暖化は防止できないことが明らかになっている。

バイオマスエネルギーは、IPCCという地球温暖化防止を科学的に検討する国際委員会で、発生するCO_2排出はゼロとカウントすることができると決められている。つまり、もっとも効果的なCO_2削減は、化石燃料からのエネルギー量の削減とバイオマスの利用のセットで考えなければならないのだ。

2050年の日本の人口は、9000万人と推定されるので、一人当たりの一次エネルギー消費量を1・5キロリットルまで下げると、全体で1・35億キロリットルとなる。日本国内のバイオマスエネルギー利用可能量は、3279万キロリットル（2000年）と試算されているので、約24パーセントを国内のバイオマスでまかなえるという計算になる。

化石燃料の使用量をどのように削減していくのか？

そのような社会はどのような形になるか？

国民的な議論を経て、持続可能な社会の具体的なイメージをつくっていかなければならない。その議論のきっかけとして、ヘンプの茎を発酵させてつくったエタノールで、エタノール燃料対応のガソリン車を走らせるヘンププロジェクトは、大きな意味をもつだろう。

ヘンプ潤滑油で自転車を走らせる

競技用モトクロスバイク（BMX）の部品を制作するメーカーFAMILY PRODUCTSがヘンプオイルをエステル加工した潤滑油を商品化した。潤滑油とは、機械の接触部の摩擦を低減するために用いる油で、ベースとなる油剤に酸化防止剤やさび止め剤などの添加物を加えてつくられ、自動車、船舶、加工機械などさまざまな分野で使われているものだ。

通常、石油由来の潤滑油が市場のほとんどを占めているが、ボートレース（競艇）のエンジンオイルは、植物由来の菜種油が使われている。昔ながらの植物由来のものは、長時間使っていると潤滑性能が落ちていくので、第二次世界大戦後は石油に代替されていったが、短時間で勝負が決まるレースにおいては、本来性能の高い植物由来が使われる。

製品化されたヘンプ潤滑油は、酸化防止剤を除いて100％、ヘンプオイルからつくられている。植物由来なので微生物によって容易に分解できる生分解性を兼ね備えており、きわめて環境負荷の低い潤滑油であるといえる。

この潤滑油からは、BMX、自転車、スケートボードだけでなく、釣りのリール用オイルとしても使えるものまでつくっている。ヘンプオイルは、燃料だけでなく、潤滑油にも使えるのだ。

12 ヘンプから医薬品をつくる

数千年の昔から、熱帯地方に多く自生している薬用型のヘンプは、花穂や葉の部分が宗教的儀式のためや日常的な嗜好品として使用されてきた。医薬品として用いられた歴史もあり、日本では1886〜1951年まで当時の厚生省が定めた医薬品解説書「日本薬局方」に印度大麻（草、エキス、チンキ）として収録され、鎮痛・麻酔薬として使用されていた。しかし、医薬品としてあまり注目されなかった。その理由としては、①薬物としての薬理作用が多岐にわたること、②治療効果が不鮮明なこと、③ほかに代替できる薬剤が開発されたこと、があげられる。

THC（デルタ9テトラヒドロカンナビノール）の発見は、1964年にエルサレム・ヘブライ大学のラファエル・メクラム教授によって成し遂げられた。ヘンプには、N（窒素）

を含まず、C（炭素）、H（水素）、O（酸素）で構成されるカンナビノイド（CB）と呼ばれる特有の成分が61種類含まれている。その中で、酩酊作用・幻覚作用があり、ヘンプの主要な生理活性物質が、デルタ9-THCをはじめとした4種類である。

脳内マリファナの発見

1988年にセントルイス大学のハウレットらによって、THCの受容体（CB1受容体）が脳内に存在することが明らかになった。受容体（レセプター）とは、生物のからだにあって、外界や体内からの何らかの刺激を受けとり、情報として利用できるように変換する仕組みをもった構造のことで、神経を含むすべての細胞に存在する。ちょうど鍵が鍵穴にはまるように、ぴったりとはまる物質しか付着できないのが受容体の特徴である。

CB1受容体は、脳内の海馬、大脳皮質、線条体、黒質（網様層）、前脳基底部、嗅球および小脳（分子層）に高密

カンナビノイドの一種であるデルタ9-THC

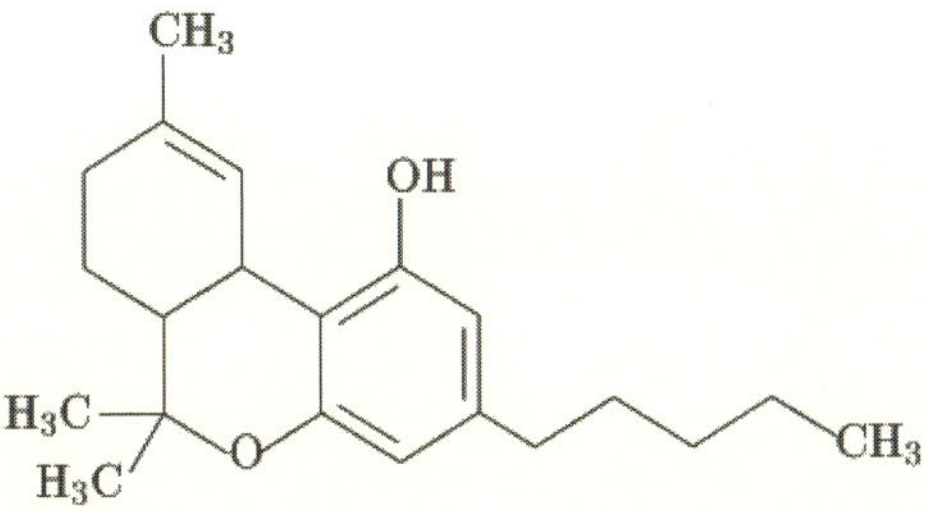

度に分布し、脳幹、髄質、視床にも分布している。そしてさらに研究が進んで、このCB1は、脳内の主要な抑制性神経伝達物質であるγ-アミノ酪酸（GABA）を放出する神経細胞に、強く現れることが明らかになった。

さらに、1998年にケンブリッジ大学のマンローによって、もうひとつのTHC受容体（CB2受容体）の存在が明らかにされ、それは脳内にはなく、その周辺にある免疫系のさまざまな細胞（マクロファージ、T-細胞、B-細胞、肥満細胞）に分布していることがわかった。

ここで、ひとつの疑問がわき上がる。なぜ、大麻草《たいまそう》という植物の薬理成分THCの受容体が脳内に存在するのだろう？

1970年代に同じような疑問が、植物のケシの化合物であるアヘンや精製したモルヒネの受容体が脳内にあることに対しても起きた。研究の結果、エンドルフィンという脳内麻薬が存在することで解決した。外部からとり入れたモルヒネが脳内麻薬に対する受容体を乗っとっただけだということがわかったのだ。

大麻草も同じである。1992年に前述のメクラム教授らは、脳内にマリファナ様物質があることをつきとめ、これをサンスクリット語の至福を意味する「アーナンダミド」と名づけた。また帝京大学の杉浦隆之教授らによって、2-アラキノイドトリグリセロール（2-A

G）が、アーナンダミドより多く存在することを発見した。

この2つの化合物が、内因性カンナビノイド＝脳内マリファナと呼ばれるものである。

脳内マリファナの役割は？

2001年にカリフォルニア大学サンフランシスコ校のニコルと金沢大学の狩野方伸教授は、それぞれ同時期に、内因性カンナビノイドである2－AGが脳内の逆行性信号伝達にかかわっていることを明らかにした。

これは今まで考えられてきた神経の信号伝達システムにはなく、新しいものであった。通常のシグナルは、神経細胞の突起の終末部であるシナプス前終末から神経伝達物質が受け手の神経細胞のシナプス

内因性カンナビノイドによる逆行性シナプス伝達のメカニズム

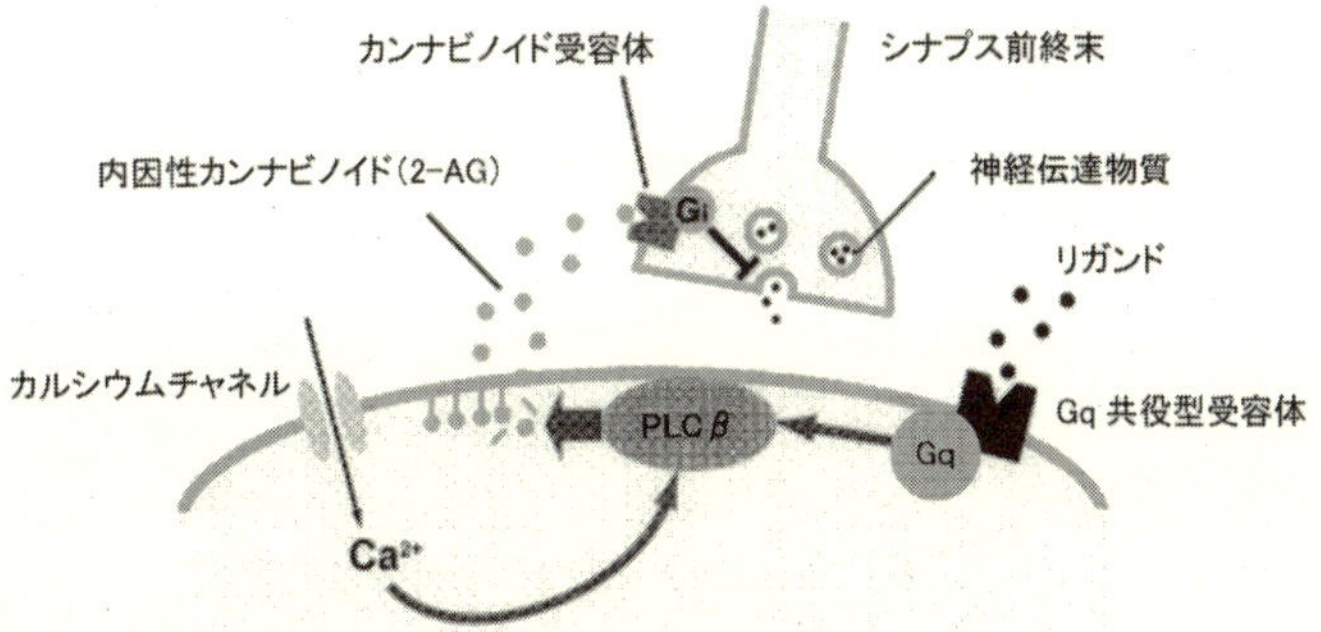

※リガンドとは、受容体と結合する能力をもつ物質
出典：「日本生理学雑誌」2005年67巻No.9の資料より

後膜の受容体に結合することによって、神経細胞から神経細胞へと情報が伝達される。しかし、2-AGは、逆向きに働くのである。

そのメカニズムは、前ページの図のように、細胞内のカルシウム濃度の上昇とGq共役型受容体の活性化が同時に起こると、シグナル伝達酵素の一種であるPLCβ（ホスホリパーゼCβ）が強く活性化される。その結果、内因性カンナビノイドが放出され、それが逆行性信号となり、シナプス前終末に存在するカンナビノイド受容体（CB1）を介して、神経伝達物質の放出を抑制する。

脳内の神経伝達に脳内マリファナがかかわっているということは、このシステムがなんらかのきっかけで破綻すると、さまざまな身体的・精神的な疾患につながると想像できる。しかも、脳内のあちこちに分布していることから、それぞれの部位でその影響があると思われる。

毒性作用研究から創薬研究への転換か？

日本での医療大麻は、大麻取締法第4条2項と3項で、大麻の医療目的での使用が例外なしに罰則をもって禁止されているため、人を使った臨床試験の手前の動物実験しかできない。

これまでは、九州大学薬学部、北陸大学薬学部、福岡大学薬学部が御三家といわれるぐらい、この3つの大学からＴＨＣならびに大麻の薬理学的な実験をした多くの学生・大学院生が卒業してきたが、最近は御三家以外の大学にも広がっている。

最近のカンナビノイド研究の動きを受けて、２００４年3月に第77回日本薬理学会年会で大麻に含まれているカンナビノイドをテーマにしたシンポジウムが開かれた。

これまでの大麻の研究というと、いかに大麻に含まれているＴＨＣが有毒であるかと、そのメカニズムを解明するために、ラットやマウスを使った動物実験の研究がほとんどであった。しかし、このシンポジウムでは、世界各地で臨床研究している疾患分野の紹介や、脳内マリファナの2-ＡＧを発見した帝京大学や金沢大学からは神経の信号伝達にかかわる生理的な役割、岡山大学からはカンナビノイド受容体が統合失調症に関係していることが発表された。日本の薬理学の中でもようやく創薬につながる基礎研究に目を向けはじめている。特に金沢大学では、２００1年から10年間で約1億７０００万円の国の科学研究費の補助を受けて、内因性カンナビノイドのメカニズムについての世界最先端を行く研究を進めている。

ところで、日本でこれらの研究に使うカンナビノイドは、どのように確保しているのだろうか。薬学・医学系の研究者が大麻草の栽培免許を取得し、大麻草を育てて、その成分を抽出しているのではない。和光純薬工業などから発売されているカンナビノイド・レセプター作用薬を使って、試験しているのである。この作用薬は、カンナビノイドの受容体であるCB1、CB2をターゲットにしているものである。アゴニスト＝作用薬、アンタゴニスト＝遮断薬を使って、脳内のカンナビノイド受容体（CB1、CB2）に作用させたり、あるいは受容体の働きを遮断して、その性質を特定するための研究が行なわれている。

カンナビノイドがさまざまな症状を緩和する

カンナビノイドがどのような症状に効果があるのかをあげてみよう。

疼痛《とうつう》＝痛み

生体組織の損傷あるいは損傷の可能性のある侵害刺激が個体に起こす感覚。その種類には、知覚神経の化学的な刺激で起こる体性痛と臓器の拡張や収縮によって起こる内臓痛があり、麻酔や薬物投与によって患者の痛みを和らげるのがペインクリニックである。主に薬物治療が行なわれ、カンナビノイドは、耐性上昇や依存性の恐れが高いモルヒネよりも依存性のない安全性の高い薬として期待されている。がんの痛みや頭痛・腰痛・術後の痛みを緩和することや、最近はアレルギー疾患や花粉症などにも応用されている。脳内の疼痛中枢のいくつかの領域でカンナビノイド受容体が多いことが観察され、この受容体に働く薬によって痛みが抑えられるといわれている。

消耗症候群

別名スリム病とも呼ばれ、意図しない不自然な10パーセント以上の体重の減少や、1カ月以上続く、1日2回以上の慢性的な下痢、慢性的な衰弱をともなう発熱などの症状のことである。HIV患者やがん患者には、きわめて重大な病状である。エイズ指標疾患のひとつにもなっている。カンナビノイドは食欲を増進させる作用があり、現在、市販されているカンナビノイドをベースにしたドロナビノール（マリノール）は、がん患者の食欲増進に効果があることがわかっている。

筋痙縮《きんけいしゅく》

多発性硬化症などの神経性難病。現在、

カンナビノイドの臨床試験がされている主な疾患

①疼痛（術後急性疼痛、慢性疼痛、偏頭痛）
②悪心・嘔吐、がんの化学療法時に誘発される吐き気
③緑内障
④喘息
⑤消耗症候群
　HIV感染患者の進行性食欲減退・体重減少
　がん患者の栄養失調・食欲不振
　神経性食欲不振
⑥筋痙縮（多発性硬化症、脊髄損傷）
⑦運動機能障害（失調症、ハンチントン舞踏病、パーキンソン症候群）
⑧てんかん
⑨抑うつ症

出典：「ファルマシア」2001年12月号（日本薬学会）より

症状を抑える薬はあっても神経の回復にまで効果をみせるものはない。カンナビノイドは、神経細胞のミエリンを修復させる作用がある。

不安

最近の研究ではカンナビノイドの受容体が異常に少ないか、内因性カンナビノイドの放出が不十分であることが、慢性の不安や心的外傷後ストレス障害の原因であることがわかってきた。不安を軽減させる治療薬として、受容体に作用するアーナンダミドの量を増やすために、放出されたアーナンダミドが分解されるのを抑える研究が行なわれている。

イギリスGW製薬の挑戦

GW製薬は、1998年にイギリス政府当局との協議ののちに設立された製薬会社であり、医療分野の研究目的でヘンプの栽培・所有・供給の許可を受けて営業している。当初は、多発性硬化症などの神経痛の臨床研究が中心であったが、脊髄損傷、がんにともなう疼痛、慢性の関節リウマチなどに広げて研究を行なっている。2003年3月には、イギリス当局にサティベックス（Sativex）というカンナビノイドを原料にした医薬品を申請した。通常の新薬開発と同様の3段階に及ぶ臨床試験の結果では、まだ十分な効果が得られていないと再試験を求められ、追試をしているところである。

しかしイギリスに先立ち、2005年6月に販売提携先であるドイツのバイエル薬品を通じて、カナダでこのサティベックスが販売された。カンナビノイドから製造された鎮痛薬が処方せん薬として商品化されたのだ。これは世界初である。

サティベックスは多発性硬化症にともなう神経性の痛みを和らげる効果があり、モルヒネにくらべて安全性が高く、副作用が小さいのが強みとされている。副作用としては吐き気や疲れ、めまいが報告されているが、摂取量の調節で軽減できる。投与方法は舌の下やほおの内側へのスプレー式の経口摂取で、1日5回が基本となっている。10日分を125カナダドルで発売している。

医薬品が発売されるには、まず臨床試験で3段階にわたる有効性の確認データが必要となる。臨床試験が終わったら、医薬品を発売する国に提出して、政府当局から許可を得る必要がある。困難なことには、オランダ、ベルギー、カナダでは、大麻成分を医療に使うことを正式に法律を改正して認めている

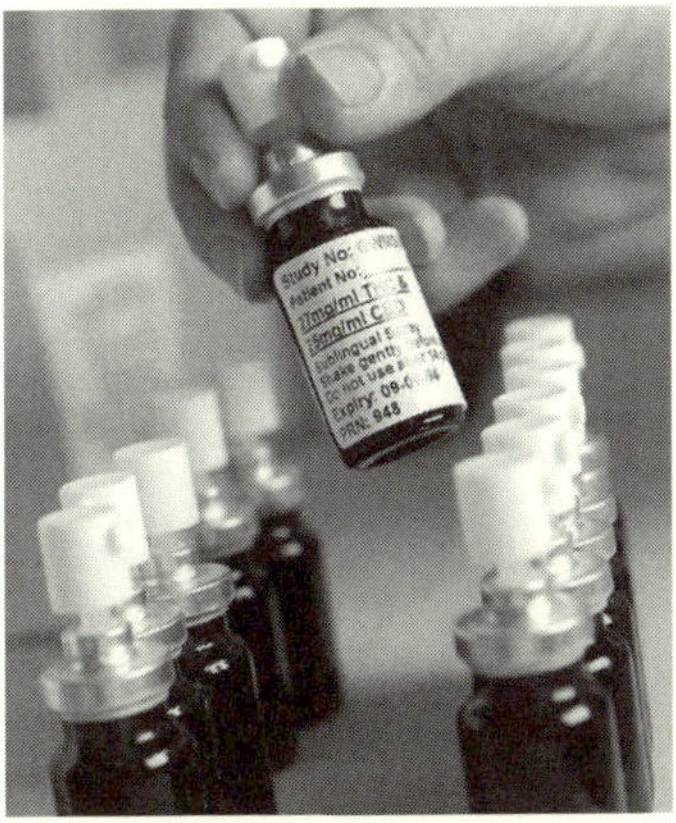

カナダで発売されたサティベックス

が、ほかの国では法律改正を行なわなければならない。日本では臨床データの規制緩和がなされ、海外の既存の臨床データを提出すれば、新薬として認められるようになった。しかし、大麻からつくられた医薬品は、大麻取締法第4条があるため、法改正をしなければ、サティベックスのような製品を求める患者の手元には届かないのである。

これからの医療大麻

最近の医学の領域においては、EBMというキーワードが非常に重要視されている。EBMとは「エビデンスにもとづく医学」という内容の英語の頭文字で、手術、投薬などの医療はエビデンスにもとづいて行なうことが大切である、ということなのである。エビデンスとは、ある医学的事実に対する臨床的、学問的な証拠、裏づけのことである。

カンナビノイドに関しては、昔の法律によって規制されているので、十分なエビデンスが積み上げられていないのである。医療大麻分野の基礎的研究が進み、エビデンスを作成するにあたっては、臨床試験が不可欠となる。この臨床試験が法律がネックとなって何もできないというのは、とても不合理なことである。

1997年4月に出されたWHO（世界保健機関）の報告書、1999年に出されたアメリカ科学アカデミーの付属機関である医学研究所の膨大な量の報告書は、いずれも医療大麻の肯定的な面を認め、科学的な確証を得るためにさらなる臨床研究が必要であることを指摘している。

ケシから合成された麻薬のモルヒネが、厳しい使用規制のもとに医療現場で鎮痛剤として適切に利用され、多くの患者に役立っていることを考えると、法律を改正すれば、医療大麻の使用もモルヒネと同じような取り扱いができると思われる。

今後、医療大麻の臨床データが蓄積され、脳内マリファナやその受容体のメカニズムが明らかになるにつれ、さまざまな医薬品の開発と法規制の問題がクローズアップされていくであろう。

天然のカンナビノイドから新しい医薬品をつくることは、非常に大きな可能性を秘めている。ＴＨＣの合成化合物で食欲増進剤の医薬品であるドロナビノール（マリノール）でさえ、２００５年度に２０００万米ドルの売上げに達すると報告されているからだ。

カンナビノイド医薬品は、ヘンプ産業の中でもっとも有効性が高く、マーケットの大きい分野ではないだろうか。

医療大麻を含め、論文の最新情報は、BIOTODAY（http://www.biotoday.com/）というサイトでチェックできる。

マリファナ効果のあるTHC量とは？

花穂を乾燥させてたばこのように喫煙するマリファナ煙草は、品種によって異なるものの、1本（約1グラム）に含まれるTHC量は、20〜60ミリグラムである。このうち吸引によって体内に吸収される量は、10〜20%にすぎず、平均すると体内にとりこまれる量は、2〜12ミリグラムとなる。

厚生労働省が1976年に発行した『大麻』という資料によると、体重60キログラムの大人の場合、陶酔感の得られる量は3ミリグラム、知覚・感覚変化が6ミリグラム、著明な感覚変化が12〜18ミリグラムとされている。マリファナはたばこのように1日に何十本も吸えず、1日1本か多くても数本という性質をもつ。

この条件で陶酔感をもたらすには、THCが1.5%以上含まれていないと効果がないことがわかる。

一方、THC0.3%未満の繊維型の品種には、THC量が0.04〜0.1%含まれている。仮に繊維型の品種のものをマリファナ煙草として喫煙すると、1グラム中のTHC量は、0.4〜1ミリグラムであり、体内に吸収されるのは、0.04〜0.2ミリグラムとなり、まったくなんの作用もない値となる。

13 ヘンプの可能性に挑戦する

ヘンプ商品開発の現場より

２０００年に「ヘンプがわかる55の質問」という冊子を発行してから、たくさんの企業や個人から、ヘンプを材料にした商品を開発したいけれどどうすればよいのでしょうか、という相談を受けてきた。

ヘンプは、衣料、食品、化粧品、建材、紙、複合素材、燃料など、さまざまな生活用品・工業原料になるために、ありとあらゆる知識が必要となる。私自身は、とくにどの分野の専門というわけではなかったので、問い合わせごとに専門書を読みあさるという状況だった。これは今でもまったく変わらず、ヘンプの認知度が上がってきたために、より専門的で高度なことが求められている。日本では天然繊維の加工技術についてくわしい人は、ほんの一握りしかいなくて、参考文献も少ない。まさに試行錯誤の連続の世界なのである。

新潟のNPO仲間である友人と一緒に行なった、地ビール会社新潟麦酒での麻の実を使った地ビール「麻物語」の開発は、とても勉強になった。

この地ビール会社は、地ビール製造の規制緩和を受けて、社長の宇佐美氏がとてもビール好きだったため、日本ではつくられていなかったベルギーの修道院タイプの地ビールづくりに挑戦した会社である。

通常、ビールは、一次発酵と二次発酵をしてから瓶詰めされるが、新潟麦酒では、ビン内で二次発酵させて熟成する。ろ過しないので、自然発酵の味わいになる。酵母が生きているので、製造出荷後、毎日微妙に味が変わる。1カ月の間に、はじめはフルーティで飲みやすく、だんだんビターになる。

麻物語は、ビール原料のベースに小麦と大麦を使い、二次発酵の段階で麻の実の粉を加えて発酵させて製造している。麻の実を入れることによって、独特のコクとまろやかな苦味が出ている。

新潟麦酒は、ビン内発酵という製造方法で免許を取得したが、この製造方法は酒税法で規定されていなかったために、国税庁から許可が下りるのに1年半もかかったそうだ。この経験があったため、麻の実ビールのコンセプトに共感していただいたのである。

実は、ヘンプビールは新しいジャンルではない。

ビールは小麦とホップを使うが、ホップはヘンプと同じアサ科の植物で、中世のヨーロッパで、ホップがないときの代替品としてヘンプの花穂を入れていたのがヘンプビールのはじまりなのだ。ヨーロッパやカナダでは、薬理成分のない産業用ヘンプの花穂を使ってヘンプビールを製造し、販売している。日本では品種に関係なく、花穂の利用が禁止されているので、本来のヘンプビールができないのが残念だ。

日本最大の野外コンサートであるフジロックフェスティバルで、2001年にはじめて大々的にヘンプビール「麻物語」を販売したが、はじめは「このビール、飲んでも大丈夫なんですか?」と聞くお客さんが多かった。

ヘンプの茎と種子の利用については、規制対象外であるという事実はまったく知られていなかった。ガラス瓶の場合、ビール酵母が瓶底に白い粉となってたまっているのをみて、「この白い粉が大麻ですよね!?」と、ニヤニヤしながら飲む方もいた。白い粉は覚せい剤であるが、大麻も覚せい剤も混同され

ヘンプビール「麻物語」

ているのが現実である。

この経験によって、ヘンプ商品を販売することは、誤解と偏見を解くためのよいきっかけになると確信した。

黄金の繊維に魅せられて

2000年夏、黄金色に輝く精麻《せいま》（麻の繊維の束）をみてとても感動した。熟練者たちの手にかかると土色の汚れた繊維が黄金の光を放つようになる。その加工技術に魅せられ、若い人がその技術を体験できる「場」をつくるのがライフワークの一部になった。

大航海時代のイタリア人探検家マルコ・ポーロは、『東方見聞録』の中で「黄金の国ジパング」と記したが、私はその「黄金」とは金閣寺の金箔でもなく、田んぼの稲穂でもなく、全国各地の農家の軒先に干してあった大麻繊維であったような気がしてならない。昔ながらの精麻を手づくりする技術は、一見簡単そうだが、実際にやってみるとかなり難しい。

麻織物で有名な奈良晒《ならさらし》の原料である国産大麻繊維は、群馬県吾妻町の岩島麻保存会でつくっている。ここでは、織物の糸になる前の原料、つまり精麻をつくっている。畑での栽培から収穫、そして精麻への加工がすべて手作業である。
岩島麻保存会では、麻づくり（栽培、収穫、加工）のポイントを、

①から：麻の茎の状態がよいこと。まっすぐに、ちょうどよい太さに育っていること

②ねど：繊維がちょうどよくはがれ、強靭さが残っている状態での発酵が進んでいること

③ひき：麻の繊維をきれいにとる技術・道具があること

と3つあげている。

「ねど」とは、繊維とオガラを分離しやすくするために3日間程度、麻束を積み重ねて、ビニールシートを被せて、発酵させることである。専門用語では、レッティング（精練）と呼ばれる工程である。そうするとバクテリアの作用で繊維がはがれやすくなり、次の工程の「麻ひき」で表皮や不純物をきれいにと

金色に輝く精麻

りのぞくことができ、繊維質のみをとりだしやすいのである。

私たちは、麻茎を用意し、道具も鍛冶屋さんと大工さんに頼んで復元してもらい、そのうえで伝統工芸技術の習得に努めている。しかし、この作業は、麻を8月に収穫したときに発生する季節労働であり、昔のような生産量がないので量をこなすこともできない。体験して少し上手になって、もう終わりという状態である。

この状況を打開するヒントが福島県昭和村の織姫制度である。

昭和村は、新潟県の麻織物の越後上布や小千谷縮の原料、からむし（苧麻《ちょま》）の産地である。からむしは換金作物であったが、自分たちの衣服や日用品のために大麻草《たいまそう》（昭和村ではからむしと区別して単に麻と呼ぶ）も同じように栽培していた。

織姫制度は、1994年から村役場の企画で始まり、約1年間を通じて、栽培から収穫、加工、糸づくり、織物までを村の熟練したおばあちゃんから習うことができる。非常に好評な制度で、村人に親切にされ、大自然に囲まれて、おいしいものを食べ、昔ながらの織物技術を習得できる環境が気に入って、織姫制度修了後も村内に住む人も多い。2005年度の12期生まで65名が修了し、そのうち村内に残った人が14名、周辺の会津地域を含めると23名になる。

昭和村のように、栽培から収穫、加工、糸づくり、織物まで1年間を通じて、1カ所ですべて学べる環境がからむし（苧麻）にはあるが、残念ながら大麻草にはまだない。大麻草の場合、生産は栃木県、滋賀県で学び、加工技術は群馬県や長野県で学び、織物は奈良県と全国にまたがっているため、私のように、伝統工芸技術を少しでも習得しようと思うと、年中、あちこちに飛び回ることになる。

伝統工芸を学びたいという方は、昭和村の織姫制度に応募し、審査に合格して織姫になることがよいだろう。名前は織姫制度だが、男性も応募できる。

実は、織姫が習う織物の原料はからむし（苧麻）だが、織物技術は大麻草のものなのだ。なぜなら昔は、からむし（苧麻）は換金作物なので織物にまではせず、繊維原料として出荷しており、自分たちの衣服は大麻草からつくっていたからである。

長野県の美麻《みあさ》の挑戦

長野県の白馬方面に向かう途中に美麻村（現在は大町市）がある。読んで字のごとく、美しい麻のとれる地域で有名であった。弥生時代から栽培されており、奈良時代の正倉院の倉には、この地域でとれた麻からつくられた和紙が現存している。第二次世界大戦前には村内だけでも300ヘクタールの作付面積があったと記録されている。

村内には、麻の資料館である「麻の館」や国の重要文化財で茅葺屋根や壁材に麻が使われている旧中村家があるものの、栽培者は10年ほど前を最後にいなくなった。

村では、2003年から産業用ヘンプの復活を村長が宣言し、国の規制緩和政策の目玉でもある構造改革特区構想に「産業用大麻特区」を提案した。再三の交渉の結果、規制官庁である厚生労働省の見解を変えることはできず、C判定、つまり特区としての対応不可を受ける。

それにもかかわらず、今度は美麻村商工会が中心となって、2004年夏に道の駅「ぽかぽかランド美麻」のスペースを使った美麻フェスティバルを開催したり、資料館「麻の館」をリニューアルオープ

道の駅に新しくできた食堂「麻の美」

ンし、最近のヘンプ商品の展示スペースをつくったり、そして2005年夏には、道の駅に手打ちの麻そばが食べられる食堂「麻の美」をオープンさせている。新しい観光拠点としてマスコミなどからかなり注目されている。

そのほかにも、地元の信州大学や農業試験場とも連携して、育種などの研究をスタートさせている。麻で地域おこしをするには、非常にふさわしい場所であることには誰も異論はないが、いざ行動するとなると、相当の勇気が必要になる。

長野県には、美麻だけではなく、かつて高級畳糸の売上げ日本一だった鬼無里村《きなさ》（長野市と合併）がある。鬼無里には、「鬼無里ふるさと資料館」があり、麻栽培で村の経済が潤ってきたことがうかがえる。麻の歴史資料はかなり充実しており、栽培、加工、道具、用途など当時使われていたものが展示してあり、当時栽培もしていた資料館の職員の解説も聞くことができる。1964年を最後に麻畳糸の生産組合は解散しその歴史を閉じたが、日本の伝統技術をうけつぐ畳職人からは、再び国産麻畳糸の復活を望む声が出はじめている。

ほかにも、長野県の文化財に指定され、今はすでになくなった木曽の麻衣を最後までつくってきた開田村、松本から長野へ行く途中にある麻績《おみ》村がある。とくに麻績村は、伊勢神宮の御陵（荘園）があったことで知られ、名前の通り、伊勢から麻を績む人たちが移住してきた考えられている地域である。

麻に関して長野県では、2000年から栽培免許をもち、神洲八味屋「八味唐辛子」で知られる岩波金太郎氏の存在が大きい。田中康夫知事に直談判して、県の厳しい栽培基準を緩和するきっかけをつくったのだ。八味唐辛子の原料のすべてが国産で、しかもほとんど自分で栽培したものだ。国産の麻の実入りを強調している唯一の商品である。駅の立ち食いかけそばが1500円の高級そばに変身するような感じのする、香り高い八味唐辛子は多くの人に好評だ。

長野県は、信州ブランド構想の中で、これぞ信州!というものを県が後押ししてブランド化を進めている。麻は、歴史性と革新性からいって、信州にもっともふさわしいのではないだろうか。

北海道から国産化プロジェクト

北海道には、野生化した大麻草がたくさん自生している。これはかつて明治政府が屯田兵に亜麻《あま》と大麻草を植えさせ、軍服やロープの原料生産を推進したなごりである。かつては、亜麻と大麻で25万ヘクタールも栽培されていた。第二次世界大戦後は、軍事用途の需要がなくなったため、栽培されなくなったのである。未利用資源として、この野生植物を使うことができればよいのだが、北海道庁の見解は、「この世に存在してはいけないもの」という位置づけなので、野生のものは活用できず、免許許可をとって栽培したものを使うことが唯一の利用方法となっている。

2001年の秋、北海道滝川市で産業用大麻勉強会が実施され、それが2002年のヘンプカープロジェクトの出発点になった。その後、北海道北見市では、産官学連携の組織である産業クラスター研究会オホーツクにて、麻プロジェクトが立ち上がった。

2003年にこのメンバーとともにヘンプ先進国であるドイツへの視察ツアーを実施した。このツアーでは、畑の原料から自動車部品になるまでの工程を視察することを目的とし、繊維とオガラを分離する一次加工、断熱材工場、メルセデスベンツ製造工場、農業試験場などを訪問した。2005年には、北海道の農業試験場で、長年の化学肥料の蓄積による地下水の硝酸性窒素の問題を改善するためのクリーニング作物のひとつとして、ヘンプ栽培の実験を開始している。

北海道でヘンプを栽培して、加工して、工業用原料に使うという国産化プロジェクトは、2006年現在、詳細な事業可能性調査を行なっているところである。ヨーロッパの事例をみるかぎり、ヘンプが工業原料として供給されるには、繊維部と木質部を分離する一次加工の工場の規模に左右される。採算のとれている規模は、だいたい500〜1000ヘクタールで1工場である。500ヘクタールでどれぐらいの原料がとれるかは、下の図を参照していただきたい。

この事業を立ち上げるには、調査に1000万円、パイロットプラント設置に3000万〜5000万円、ドイツと同じ加工ラインをつくるのに3億円、ヘンプ専用収穫機械を1台導入するのに3800万円、製品開発費に年間1億円と、合計5億円は最低限必要と見積もられている。大手企業にとっては、大した金額ではないが、中小企業の観点からだとちょっと勇気のいる金額である。

ドイツで1996年にヘンプ栽培が解禁されてから採算がとれるようになるまで7年を要し

500ヘクタールモデル

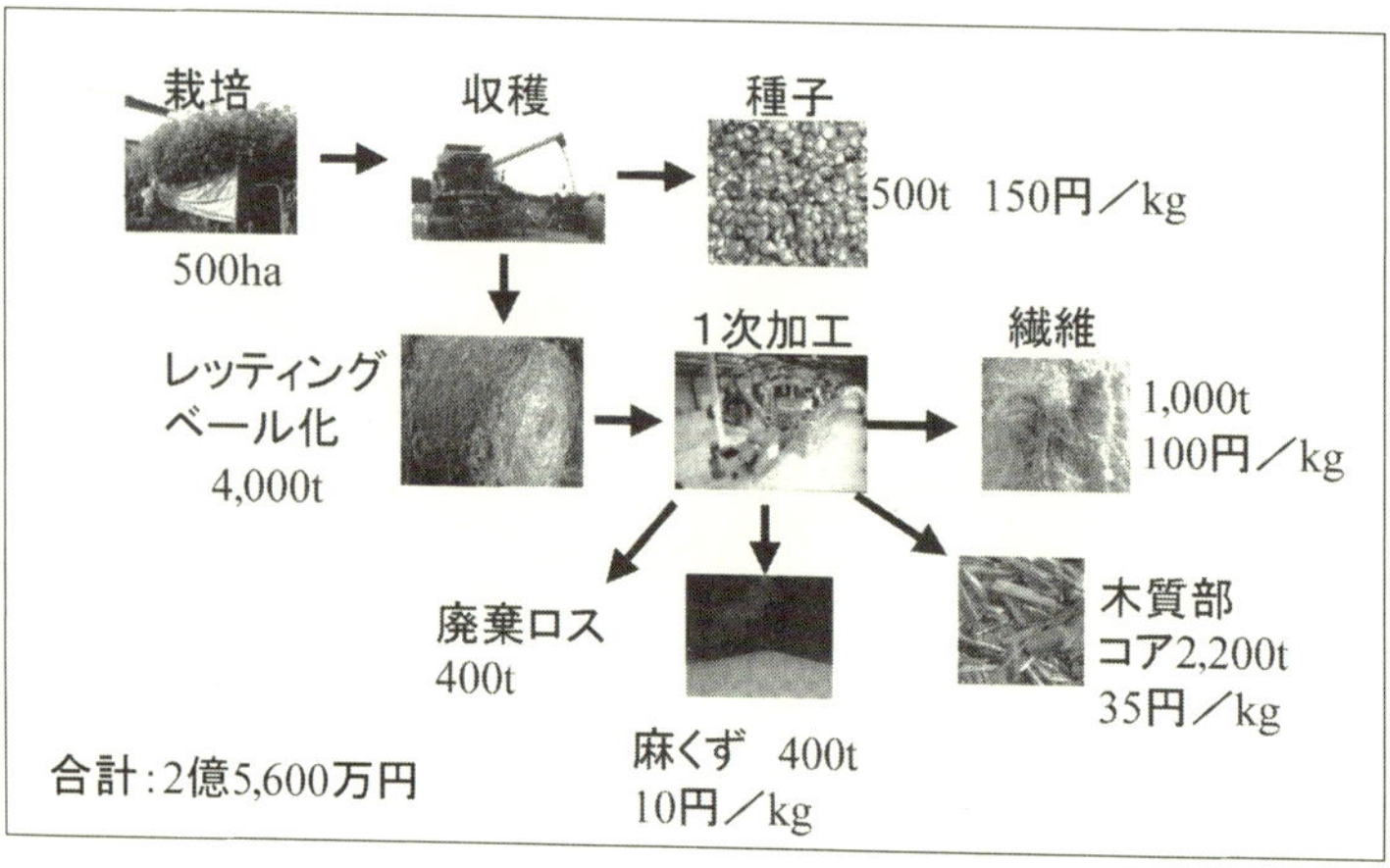

ている。さまざまな障害が予想されるが、新しい産業をつくり、新しい社会をつくるために、ぜひ壁を突破してもらいたい。

栽培免許をとるには？

日本では、大麻取締法により大麻取扱者免許がないと栽培ができない。この免許は都道府県知事の許可であり、窓口は各都道府県の薬務課が担当している。免許には、大学、警察、麻薬捜査官が取得する「研究者免許」と、農家が取得する「栽培者免許」の2種類がある。栽培免許をとるための全国的な基準はないが、厚生労働省の通知では、伝統工芸にかかわることと社会的な有用性が認められるものとされている。THCが少ない品種であっても栽培免許が必要となる。実際に免許がとれるかどうかは、行政当局との交渉次第であり、行政担当者の裁量が大きいのが現状である。

14 ヘンプ生活24の方法

農業、衣服、食品、化粧品、癒し、住宅、紙、プラスチック、エネルギー、地域おこしなどいろいろな事例をみてきたが、ここでは、興味をもった方が日常生活にヘンプをとり入れる方法やもし宝くじが当たったらできること、こんな新しい製品がつくれる、あんなサービスができるなど、いろいろと集めてみた。

小さなことから大きなことまで、あなたの情熱度や資金力や能力にあわせて、できることから実践してほしい。ここにないアイデアも本書を読んでヒントを得たら、ぜひ行動に移しましょう。

無料でできること、すぐできること

1 イベントに参加する

巻末にあるNPO法人などでは、全国各地でヘンプ関連団体がさまざまなイベントやワークショップを開いている。行ってみたいイベント情報をつかんでぜひ参加してみよう。

例えば、毎年4月第3週の土日に実施される地球の日のことを考えるイベント「アースデイ東京」では、ヘンプ体験村という企画がある。また12月には、日本最大の環境見本市「エコプロダクツ展」があり、ここにヘンプ製品をつくっている会社が多数参加している。

このような情報などがあるので、ぜひチェックをして、興味のあるものには参加してみよう。

アースデイ東京「ヘンプ体験村」

2 ソーシャルネットワーク（SNS）に参加する

フェイスブックでは、ヘンプ関連のさまざまなグループがあり、それぞれに関心のあるトピックやニュースで情報交換が行われている。特に海外の合法化状況は、マスコミで流れないものが、いち早く情報として流れてくる。「ヘンプ」と検索してみて、自分の気になるグループに参加してみよう。

3 この本の宣伝をする

友だちにこの本の感想を話したり、自分のブログやホームページなどインターネット上で紹介する。同時に巻末にある著者や出版社の連絡先へ感想を送ってもらえるととてもうれしい。インターネットの力も大きいが、口コミの力はさらに大きい。麻の葉模様のようにいろんなネットワークでヘンプの輪を広げていこう。

ヘンプのある暮らしをしてみる

4 携帯ストラップ、キーホルダー、名刺入れ、財布などの小物をヘンプにする

麻は邪気を祓い、幸福を呼ぶ縁起物である。アジアン雑貨のお店やフェアートレード（公正な貿易）をしているお店で買うことができる。携帯ストラップなら500～1050円ぐらいだ。

5 ヘンプでアクセサリーをつくる

まずは練習をかねて自分用につくって、上手になったらお友だちにプレゼントしよう。もっとも基本的な本は『麻で編むヘンプアクセサリー』。ヘンプ糸は300～800円ぐらいからある。

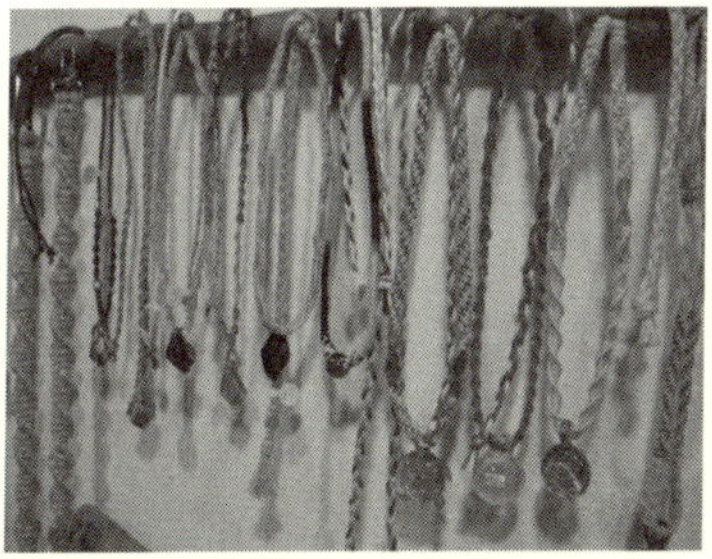

子どもから年配の方まで楽しめるヘンプアクセサリー

6 麻の実料理を食べて元気になる

麻の実は、タンパク質、からだによい脂肪、食物繊維、ミネラル、ビタミンがバランスよく入った天然サプリメントである。ゴマ感覚で料理に使いやすい麻の実ナッツ、カリカリと食感を楽しめる麻の実（殻付）、サラダのドレッシングにヘンプオイルを、いつもの食事に加えてみよう。

料理が好きな人や趣味や本業でお菓子やパンをつくっている人は、『体にやさしい麻の実料理』に載っている60のレシピを参考にして、麻の実料理をマスターしよう。パンやお菓子には、麻の実粉を混ぜるのがいいだろう。

7 ヘンプの力で素肌美人になる

毎日の洗顔やスキンケアにヘンプオイルを使おう。浸透力と保湿性の高いヘンプオイルは、とくに乾燥肌の方にはおすすめである。例えば、「シャンブル」というヘンプオイルのスキンケアシリーズを使ってみよう。

8 朝は麻の実コーヒー、昼は麻の実茶、夜はヘンプビールを飲む

麻の実をブレンドした麻珈琲は粉状なので、コーヒーメーカーでいれられる。ついでにコーヒーフィルターをヘンプ布製のものにかえてみよう。

静岡県のお茶所の川根茶葉と麻の実をブレンドしたお茶を味わうのもよいし、紅茶のティーバッグをヘンプ布製にしてもよい。また、ヘンプビールは、各社から発売されているので、全部飲んで味くらべをしてみてはどうだろう。

9 お洒落は足元から——ヘンプの靴を履く

ヘンプ・シューズに力を入れているのは、I-Pathというブランドである。大手ではナイキやアディダスからも販売されている。夏には、麻のサンダルがおすすめだ。廃タイヤを再利用し、ヘンプ布を組み合わせたエコサーフサンダルは素敵だ。

靴下は、血行をよくする五本指のヘンプ製のものが履き心地がよい。

10 ヘンプを着て町に出てみる

ナチュラル&アジアンテイストに着こなしてもよし、カジュアルな感じにしてもよし、いろんなアレンジができる。

麻100パーセントの服や麻混紡の服はたいていリネン（亜麻《あま》）、ラミー（苧麻《ちょま》）なので、家庭用品品質表示法による表記「ヘンプ（指定外繊維）」というタグがあるかどうかを確認しよう。

Tシャツならば、ヘンプ55パーセント+コットン45パーセントのものが2900～3900円で手に入る。色やデザインで好みのものがなかったら、お店の人にこんな商品がほしいとリクエストしよう。ヘンプジーンズなら1万円からリーバイスのプレミアムものの5万円まである。

巻末にヘンプ衣服を扱っているお店やホームページを紹介している。

11 着物や浴衣を着て花火をみる

麻の葉模様の柄の入った着物や浴衣、帯を身につけ、麻の葉柄の巾着を持ち、鼻緒に野麻繊維を使っている日光下駄を履いて、花火をみに行こう。

麻炭を使っている花火なら、花火業界の花火大会である全国土浦花火競技大会でみることができる。

栃木県指定伝統工芸品「日光下駄」

ヘンプを体験する

12 ヘンプを体験する旅に出かけよう（東京編）

東京方面で半日コースをアレンジしてみた。

まずは、午前中に東京の浅草にある「アミューズミュージアム」で民俗学者田中忠三郎が収集していた青森県の大麻布とその歴史文化について学び、恵比寿にある老舗のヘンプ衣料店で、麻壁を内装に使っているGOWESTへ行き、自由ヶ丘で国産大麻復活のために麻糸後継者養成講座をしている「アンジェリ」へ行き国産の大麻糸や布に触れ、鎌倉市にあるオーガニック&ベジタリアン対応のカフェ「麻心」で麻の実料理を食べる。

それから、横浜市都筑区にあるオロミナ・ナチュラル&ハーモニック・プランツ店で、さまざまなヘンプ衣料でショッピングをする。ここはオーガニック系のショッピングモールで複数店舗があり、毎年7月にはヘンプに関するワークショップや講演会などを行なう「ヘンプフェア」を実施している。夜は、藤沢市のほうとう料理屋の「へっころ谷」で麻炭入りの料理を楽しむ。

13 ヘンプを体験する旅に出かけよう（栃木編）

日本一のヘンプ生産県の栃木県でのヘンプ観光では、粟野町にある「野州麻紙工房」へ行き、麻紙漉き体験（要予約）をして、天然酵母の麻の実パンを食べよう。

4月末に行くと畑から伸びた小さなヘンプがあり、7月下旬に行くと2メートル以上に伸びたヘンプ畑がある。

ここから高速道路を使って1時間ほど行き、那須インターを下りてすぐのところに大麻専門店「大麻博物館」がある。地元の麻の展示からお土産まで豊富な品揃えがある。ここまで来たら、那須高原で遊んで帰ろう。

14 ヘンプを体験する旅に出かけよう（長野編）

長野県も昔からの栽培地域であり、2つの博物館めぐりによって日本の麻の歴史を知ることができる。

まずは、長野県大町市美麻《みあさ》にある麻の資料館「麻の館」で、栽培工程と現在の麻製品の展示をみよう。それから、隣の鬼無里《きなさ》の歴史民俗資料館に行き、村の経済を支えた麻栽培と畳縦糸の展示を見学し、資料館の方に麻の話を聞く。

そして帰りに、長野市内の老舗の七味唐辛子製造会社の直営店である八幡屋礒五郎本店で、七味唐辛子をお土産に買う。

15 ヘンプ視察ツアーに参加する

ご要望があれば、私と一緒に15名ほどのグループでヘンプ産業の先進地のドイツやフランスやカナダなどにツアーを組んで行くことができる。

2003年に畑からメルセデスベンツの工場までの製品化の工程を視察したツアーは、7日間で30万円（旅費・現地交通費・宿泊費・通訳費こみ）。2006年9月には、ヨーロッパでもっとも大きい規模で事業化しているフランスに行く。

16 日本の麻織物などの麻の伝統技術を保存する

麻の栽培、加工、麻績み（糸づくり）、麻織物という一連の工程は、おそらく1万年以上続いてきた営みである。この手わざを次世代に残すことはお金にはかえられない価値がある。織物にくわしい方によると、麻織物の奈良晒《ならさらし》の縦糸・横糸ともに、手績み1反300万円ぐらいの価値があるという。麻織物を習ってみたい方は、第13章で紹介した織姫制度にチャレンジしてみよう。

ヘンプでセレブな気分になる

17　ヘンプ布団で寝て、蚊帳を吊る

高温多湿の日本の気候に適した寝具で快適な夜になる。ヘンプ布団で、ヘンプ枕で寝て、蚊帳を吊る。菊屋が戦後はじめて製造した、縦糸・横糸ともにヘンプ１００パーセントの蚊帳は、暑苦しい夏に涼しく快適な安眠を提供する。この蚊帳は水洗いできる。

18　寝室の内装を麻壁リフォームでグレードアップする

6畳4面（約33平米）を、麻チップとドロマイトプラスター（内装左官材）を混ぜた麻壁にする。

ついでに畳も国産イグサに縦糸はヘンプ、畳縁にもヘンプ布

麻のシーツやクッションなどの寝具

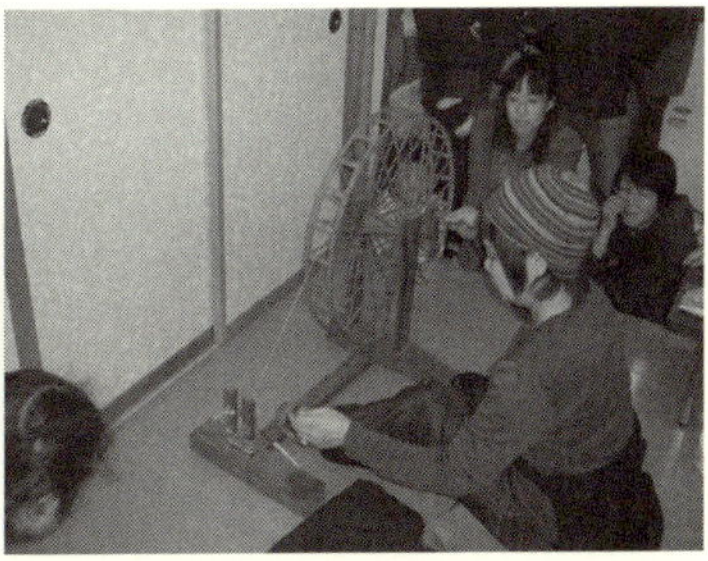

長野県美麻村で行なわれた麻糸づくり体験教室

を使ったオーガニック畳麻縁仕様にする。断熱材もヘンプに変えて、一生のうち3分の1を過ごす寝室をグレードアップ。既存の壁の状況によって価格は変動するが、麻壁・ヘンプ断熱材を使った33平米リフォームは、材料費と工事費で約30万円〜。オーガニック畳麻縁仕様は3万円×6畳で18万円。

19 ベンツ、BMWに乗る

ヘンプ繊維をガラス繊維のかわりにドアトリムなどの内装材に使い、車体の軽量化、安全性、リサイクル性を高めた車で代表的なのは、メルセデスベンツE-クラスセダン（605万円〜）、BMWニュー5シリーズ（620万円〜）である。国産車でヘンプを使ったものがあればぜひ紹介したかったが、今のところまだない。

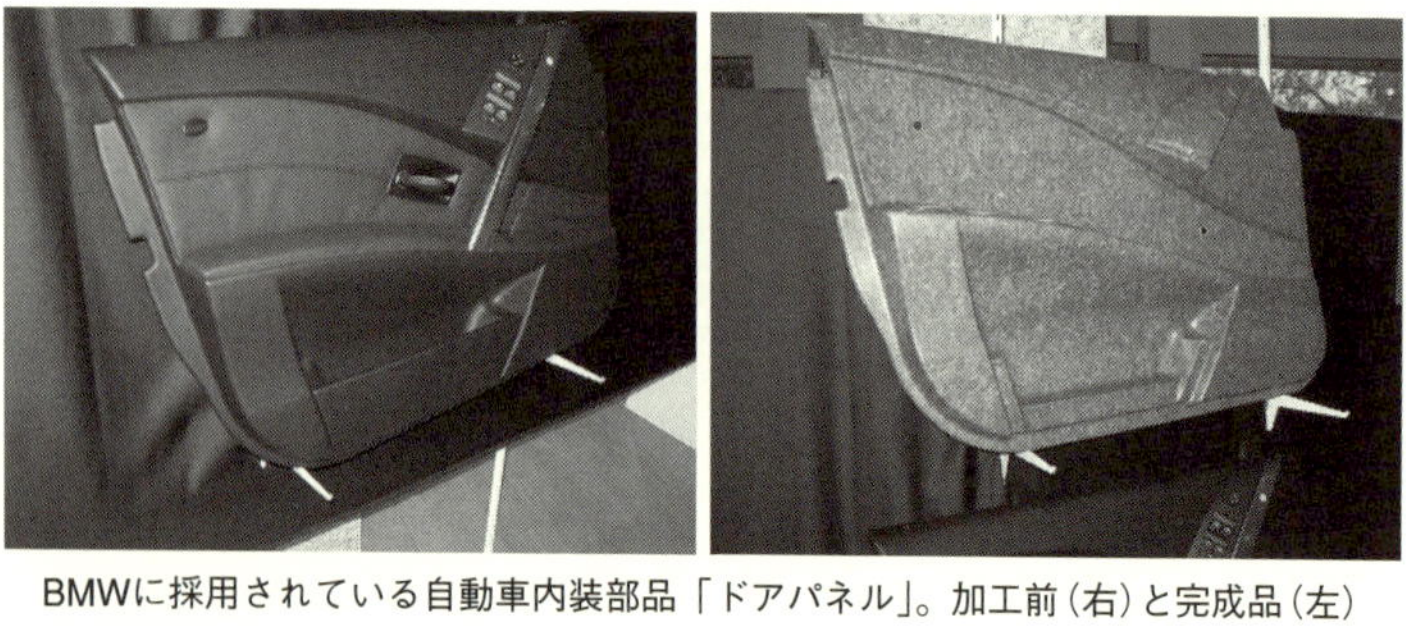

BMWに採用されている自動車内装部品「ドアパネル」。加工前（右）と完成品（左）

企業、行政、大学にできること

個人でできることのほかに、仕事や専門分野を生かしてできることをとり上げてみた。

20 ヘンプオリジナル商品をつくる

会社のノベルティ商品にヘンプが使える。

例えば、オリジナルヘンプTシャツならば、小ロット50枚から衣料メーカー「リネーチャー」が対応できる。ノベルティではなく、新商品の開発も各分野のヘンプ企業は喜んで協力するだろう。

ノベルティ商品ならば、数量にもよるが10万〜20万円。新商品開発ならヘンプ原料、パッケージ、製造費で30万〜50万円。これにチラシ製作などの広告宣伝費を入れた見積もりになる。

21 大学で研究をする

ヘンプの研究は日本ではほとんどされていないので、基礎から応用までさまざまな分野で研究する必要がある。

例えば、低THCで特定分野向けの品種改良・育種、繊維と木質部を分離する機械開発、ヘンプ建材の効果測定、麻の実摂取時の血糖降下作用の解明、ヘンプ製品のライフサイクルアセスメント（LCA）評価、複合素材として使うためのヘンプ原料の改質条件など。

かつて大学は敷居が高いところであったが、最近では産学連携の窓口を強化している。国立大学との共同研究はいくつかの形態があり、一例をあげると、民間企業から大学へ研究者を派遣して行なう研究で、大学の設備を利用する場合、研究員1名につき、42万円かかる。

22 ヘンプカーを走らせる

ヘンプを車の燃料に使ったヘンプカーには、①ディーゼル車、②ガソリン車、③燃料電池車の3つのタイプが考えられている。

ディーゼル車は、ヘンプの種子のオイルをバイオディーゼル燃料に加工したもので、2002年に全国縦断ツアーを実施した。

ガソリン車では、ヘンプ茎を発酵させてエタノールに変換し、E85というエタノール85パーセントとガソリン15パーセントの混合燃料という規格で走らせることができるFFV（フレキシブル燃料車）を使う。

燃料電池車では、ヘンプ茎をエタノールやメタノールに変換して、水素をとりだして走らせる。

また、燃料だけでなく、内装材やボディにヘンプ繊維を使った車に乗ってもよい。2002年のヘンプカーを走らせたプロジェクトは、総事業費800万円程度で全国を横断、1万2500キロメートルを走った。ヘンプカーの全国縦断には、少なくとも1000万前後かかる。

23 麻の家を建てる

フランスなどでは既に建てられているが、外装も内装もヘンプクリートと呼ばれる壁で、家をつくる。ただし、日本での施工実績がなく、日本の気候に合うかどうかは、実際に家を建てて実験及び検証をする必要がある。その実験に参加したい住宅関連企業、施工工事会社を募集している。

また、屋根材にオガラを使っている茅葺屋根の家に住むこともできる。欧米では茅葺屋根の家に住むのが富裕層のステイタスになっているので、日本もやがて茅葺屋根の家に住みたいという人は増えると思われる。ちなみに茅葺屋根の修理維持費は1回の屋根の葺き替えで600万円ぐらいといわれている。これを20〜30年サイクルで実施する。

建築中のヘンプハウス（フランス）

24 麻をテーマにした地域おこしをする

日本全国、麻に由来のある地域はたくさんある。麻をテーマにすれば、本書で紹介した長野県美麻地域や北海道北見地域などで検討されているような事業展開が可能であり、地域の新しい特産品ができる。現在進行中のこれらのプロジェクトに参画するのもひとつの方法である。

また、企業、行政、大学、市民を巻きこんで、地域おこしの組織を立ち上げ、詳細なマーケティングをしよう。例えば、麻の癒し機能を生かした「麻の癒しの里づくり」、世界中の麻を集めた「大麻草植物園」、２０５０年の持続可能な社会にふさわしい「麻の家と麻のある暮らしの生活体験の学校」、「医療大麻ホスピスの療養センター」などいろいろなアイデアがある。

どれぐらいの規模で実施するかで総事業費の概算が変わってくるが、例えば、群馬県の漢方・健康・農業公園をコンセプトにした「薬王園」の場合、26ヘクタールで総事業費23億円をかけ、年間27万人の観光客を集めている。バブル期に１０００億もかけてテーマパークがたくさん造られたが、大多数が倒産、もしくは経常的な赤字に陥っている。いくら魅力的な麻というテーマであっても、そうならないように、少ない投資規模ではじめられるような計画でスタートすべきである。

＊24のトピックスに関連する各連絡先は巻末にあります。

おわりに〜ほっとけない・もったいない・ありがたい〜

ヘンプ商品を使ったり、新しく開発したりして世の中に広げていくことは、自分の生活環境と体内環境をよりよい方向へと改善することにつながり、さらに、多くの人が取り組むことによって、地域環境がよくなり、最後には地球環境問題の改善へとつながる。ヘンプのある暮らしを実践していると精神も充実したものになる。ヘンプは、地球環境、地域環境、生活環境、体内環境、精神環境のすべてをよい方向へ誘い、人と自然の関係をエコロジカルなものにさせる。

また、ヘンプは、過去と現代と未来をつなぐ存在でもある。有史はじまって以来、人間はヘンプとともに生活してきたが、石油製品の出現によって、現代はヘンプがもっとも使われない時代となっている。持続可能な社会をつくるには、ヘンプのような植物資源を有効に使っていた縄文時代や江戸時代を参考に、新しい挑戦をはじめなければならない。まさに温故知新の実践である。

最も重要だと思うのは、ヘンプがきっかけとなって日本人に失われた価値観が見直されることである。ヘンプは、今でも神道、弓道、武道、茶道などの日本文化を支える重要な素材である。武士道が見直されているが、「道」とつくのは、すべて自然とのつながりを表わしている。人と自然だけでなく、人と物、人とお金、人と社会制度、人と文化、そして、人と人。ヘンプという素材は、これらの大事な点に気づくチャンスとなる。

私は、ヘンプと出会うことで環境問題や生活習慣病などの「ほっとけない」社会と個人の問題を改善し、国際条約、大麻取締法、世間の誤解と偏見によって、新しい活用方法や日本の伝統がまったく見直されていない現状に「もったいない」気持ちになり、衣食住のトータルなオーガニック生活に不可欠な生活アイテムだと知ることで「ありがたい」と思うようになった。

私は、ヘンプを通じて、最終的には化石資源の使いすぎによる環境破壊と健康悪化と戦争依存型の経済発展モデルの脱却を目指している。

ヘンプの未知なる可能性と潜在力を発揮するには、多くの人の協力が必要である。ヘンプと一緒に新しいオルタナティブな社会と新しいライフスタイルをつくっていきたい。

きっと、あなたのDNAの中にも、人類とヘンプが歩んできた歴史と新しい未来をつくるのに参加したいスイッチがあるはずだ。

二〇〇六年七月七日

赤星栄志

■8　ヘンプハウスに住みたい
西方里見『外断熱が危ない』ナックスナレッジ、2002年
Steve Allin, Building with HEMP, SEED PRESS, 2005年

■9　ヘンプ紙で森を守る
ニール・ドナルド・ウォルシュ『神との対話(1)〜(3)』サンマーク出版、1999年
森本正和『環境の21世紀に生きる非木材資源』ユニ出版、1999年
小林良生『環境保全に役に立つ紙資源「ケナフ」増補版』ユニ出版、1998年

■10　ヘンプでプラスチックをつくる試み
バイオマス産業社会ネットワーク『石油から植物へ』2006年
舊橋　章『製品開発に役に立つプラスチック材料入門』日刊工業新聞社、2005年
藤井透監修『環境調和複合材料の開発と応用』シーエムシー出版、2005年
セルロース学会編『セルロースの事典』朝倉書店、2000年
泊みゆき、原後雄太『アマゾンの畑で採れるメルセデスベンツ』築地書館、1997年
高岡米治『ノンウーブン　テクニカル・アラカルト』不織布情報、1997年

■11　ヘンプエネルギーで車が走る
N・El バッサム『エネルギー作物の事典』恒星社厚生閣、2005年
泊みゆき、原後雄太『バイオマス産業社会』築地書館、2002年
ヘルマン・シェーア『ソーラー地球経済』岩波書店、2001年
横山伸也『バイオマスエネルギー最前線』森北出版、2001年
坂井正康『バイオマスが拓く21世紀エネルギー』森北出版、1998年

■12　ヘンプから医薬品をつくる
レスリー・L・アイヴァーセン『マリファナの科学』築地書館、2003年
山本郁男『大麻の文化と科学』廣川書店、2001年
VHS『ここまできた医療大麻合法化の現実』医療大麻を考える会、2000年
鈴木陽子『麻薬取締官』集英社、2000年
厚生省医薬局麻薬課編『麻薬・覚せい剤行政報告』厚生省、1999年
マリファナ・X編集会『マリファナX』第三書館、1995年
一戸良行『麻薬の科学』研成社、1982年

Dave Olson, "Hemp culture in Japan", Journal of the International Hemp Association, Volume 4, Number 1, 1997

■5 麻の実を食べる

赤星栄志『麻の実クッキング』日本麻協会、2001年
赤星栄志、水間礼子『体にやさしい麻の実料理』創森社、2004年
健康栄養情報研究会編『国民栄養の現状——平成14年厚生労働省国民栄養調査結果』第一出版、2004年
Richard Rose, Hemp Nuts Cookbook, Book Publishing Company, 2004
食品成分研究調査会編『五訂 食品成分表』医歯薬出版、2001年
Paul Benhaim, Healthy,Eating Made Possible, Fusion Press, 2000
Gisela Schreiber, The Hemp Handbook, North Atlantic Books, 1999
Todd Dalotto, The Hemp Cookbook : From Seed to Shining Seed, Healing Art Press, 1999
Ralf Hiener, The Hemp Cookbook, Ten Speed Press, 1999

■6 ヘンプオイルで美しくなる！

赤星栄志、水間礼子『ヘンプオイルのある暮らし』新泉社、2005年
ウオルター・C・ウィレット『太らない・病気にならない、おいしいダイエット』光文社、2003年
中川八郎『脳に磨きをかける必須脂肪酸』化学同人、2002年
Petra Pless with John W.Roulac, Hemp Foods and Oil for Health, HEMPTECH, 1999
Chris Conrad, Hemp for Health, Healing Art Press, 1997

■7 ヘンプでつくる癒しの空間

赤星栄志、水間礼子『ヘンプオイルのある暮らし』新泉社、2005年
三島おさむ『どうぞ蚊帳の中へ』本の風景社、2003年
レン・プライス他『アロマテラピーとマッサージのためのキャリアオイル事典』東京堂出版、2001年
ルート・フォン・ブラウンシュヴァイク『アロマテラピーのベースオイル』フレグランスジャーナル社、2000年
Colin Vogel『HORSE CARE MANUAL——馬を飼うための完全ガイド』インターズー、1999年
細谷政夫、細谷文夫『花火の科学』東海大学出版会、1999年

原　静『実験麻類栽培新編』養賢堂、1950年
Dr. Ivan Bocsa and Michael Karus, The Cultivation of Hemp, HEMPTECH, 1998

■3　日本文化と麻

中山康直『麻ことのはなし』評言社、2001年
栃木県立博物館『麻――大いなる繊維』栃木県立博物館、1999年
かくまつとむ『天然素材の生活道具』小学館、1997年
大久保利美『大嘗祭――第百二十五代天皇陛下即位礼、阿波古代史』京屋社会福祉事業団、1995年
土橋　寛『日本語に探る古代信仰』中公新書、1990年
木屋平村麁服貢進推進協議会『麁服献上』木屋平村、1990年
毎日グラフ緊急増刊『平成即位の礼』毎日新聞社、1990年
郷津弘文『千国街道からみた日本の古代:塩の道・麻の道・石の道』栂池高原ホテル出版、1986年
一松又治『神宮大麻と國民精神の機微』社会神道学研究会、1920年
記録映画『麻作りの民俗』栃木県立博物館、1989年
記録映画『からむしと麻――福島県昭和村』民族文化映像研究所、1988年

■4　ヘンプを着る

雄鶏社編『麻で編むヘンプアクセサリー』雄鶏社、2003年
額田　巌『ひも――ものと人間の文化史』法政大学出版局、1986年
長野五郎、ひろいのぶこ『織物の原風景』紫紅社、1999年
山口　博『万葉集のなかの縄文発掘』小学館、1999年
山本玲子『月刊　染織α　No.204』染織と生活社、1998年
山守　博『麻に関する古歌』大日本法令印刷、1998年
高橋和夫『繊維の遊歩道』高橋技術士事務所、1998年
竹内淳子『草木布　I』財団法人法政大学出版局、1995年
竹内淳子『草木布　II』財団法人法政大学出版局、1995年
山崎和樹『はじめての草木染・麻を染める』美術出版社、1995年
山守　博『麻の知識』1993年
月ヶ瀬村教育委員会『奈良さらし』月ヶ瀬村教育委員会、1991年
高橋和夫『麻の話』高橋技術士事務所、1990年
永原慶二『新・木綿以前のこと』中央公論社、1990年
記録映画『山根六郷の四季――麻（いど）と暮らし』山根六郷研究会、1985年
阿伊染徳美『わがかくし念仏』思想の科学社、1977年
近江麻布史編さん委員会編『近江麻布史』雄山閣出版、1975年

参考文献

■1　ヘンプの基礎知識

松本明知『麻酔科学のルーツ』克誠堂出版、2005年
中山康直、丸井英弘『地球維新 II』明窓社、2004年
レスリー・L・アイヴァーセン『マリファナの科学』築地書館、2003年
山本郁夫『大麻の文化と科学』廣川書店、2001年
赤星栄志『ヘンプがわかる55の質問』日本麻協会、2000年
森本正和『環境の21世紀に生きる非木材資源』ユニ出版、1999年
ローワン・ロビンソン『マリファナ・ブック　環境・経済・医療に最もすぐれた植物』オークラ出版、1997年
古田佑紀、齊藤勲編『大麻取締法・あへん法・覚せい剤取締法』青林書院、1996年
平野竜一他編『注解特別刑法　第5巻医事・薬事編（第2版）』青林書院、1992年
厚生省薬務局麻薬課編『大麻』厚生省、1976年
長谷川榮一郎、新里賓三『大麻の研究』長谷川唯一郎商店、1937年
Pado Ranalli,Adbance in Hemp Reserch,Food Products Press, 1999
HEMPTECH, Industrial Hemp, HEMPTECH, 1998
John W.Roulac, Hemp Horizons, Chelsea Green, 1997
Rowan Robinson,The Great Book of Hemp, Park Street Press, 1995
Chris Conrad, Hemp : Lifeline to the Future, Creative Xpressions, 1994
Herer Jack, The Emperor Wears No Cloths, Hemp Publishing, 1993
VHS『大麻革命―― Hemp Revolution（アメリカ1996年作）』（日本語吹替版）大麻堂、1998年

■2　ヘンプとはどんな植物か

厚生労働省『麻薬・覚せい剤行政の概況』2005年
正山征洋『アジアの英知と自然』九州大学出版会、2002年
高橋和夫『麻の話』高橋技術士事務所、1990年
広島市文化振興事業団広島市郷土資料館編『あさづくり』広島市教育委員会、1990年
小川久美子、小林久美編『からむしと麻・昭和村資料集』民族文化映像研究所、1988年
岡　光夫編『特用作物』（明治農書全集第5巻）農山漁村文化協会、1984年
原田重雄『麻の栽培』富民社、1952年
久保健一等『棉・麻栽培法』朝倉書店、1951年
東京大学農学部農業経済教室編『商品的農産物の生産機構』東京大学、1951年

▼麻の館
長野県大町市美麻14004
TEL 0261-23-1738

●NPO法人など

▼アサノハ
麻のある新しいライフスタイルを提案するWEBマガジン
http://www.ooasa.jp
▼大麻草検証委員会
大麻を正しく考える国民会議
http://www.taimasou.jp/
▼NPO法人医療大麻を考える会
http://www.iryotaima.net/
▼大麻報道センター（THC）
http://asayake.jp/
▼NPO法人ヘンプ製品普及協会
http://www.npohemp.org/
▼日本麻振興協会
栃木県鹿沼市下永野600-1
TEL&FAX 0289-84-8512
▼一般社団法人北海道産業用大麻協会
http://www.hokkaido-hemp.net/
▼一般社団法人山梨県大麻協会
http://www.taimaculture.com/
▼日本麻振興会岐阜支部（麻処さあさ）
岐阜県揖斐郡揖斐川町春日美束2228番地1
TEL&FAX 0585-58-3009
http://www.facebook.com/asadocorosasa
▼大阪おおあさ自由学校
大麻について学べる生涯学習講座
http://hemp.schoolbus.jp/
▼NPO法人日本麻協会
奈良県奈良市月ヶ瀬石打874-2
japanhempassociation.secretary@gmail.com
▼一般社団法人「伊勢麻」振興協会
http://www.iseasa.com/

鳥取県八頭郡智頭町八河谷262
http://www.8108ya.co.jp/
▼ウィンドファーム
フェアトレード、無農薬の「麻珈琲」（深煎と普通）を製造している
福岡県遠賀郡水巻町下二西3-7-16
TEL 093-202-0081　FAX 093-201-8398
http://www.windfarm.co.jp/
▼麻の子
国産ヘンプマヨネーズ＆国産ヘンプ素材
http://asanoko.net
▼麻世妙 majotae
大麻布を日本のスタンダード・ファブリックにする企画
http://majotae.com/
▼株式会社ヘンプフーズジャパン
Hemp Foods Australia社の商品の輸入及び販売
http://hempfoods.jp/

●博物館・資料館

▼からむし工芸博物館
からむし（苧麻）栽培から織物製作までする織姫制度をもつ村の博物館
福島県大沼郡昭和村大字下中津川字中島611
TEL 0241-57-2204
http://showa-karamushi.com
▼大麻博物館
日本一の生産県を誇る栃木県にある大麻の博物館
栃木県那須郡那須町高久乙1-5
TEL&FAX 0287-62-8093
http://www.nasu-net.or.jp/~taimahak/
▼アミューズミュージアム
青森の田中忠三郎コレクション（麻布）の常設展
東京都台東区浅草2-34-3
TEL 03-5806-1181
http://www.amusemuseum.com
▼鬼無里ふるさと資料館
長野県長野市鬼無里1659
TEL 0261-256-3270

ヘンプ・衣料ブランド「忠兵衛」と国産大麻布製作
山梨県南都留郡道志村9533
TEL&FAX 0554-56-7759
http://www.geocities.jp/hempchubei2006/

▼菊屋

ヘンプ100％蚊帳を復活させた麻の蚊帳メーカー
静岡県磐田市ジュビロード243
TEL 0538-35-1666　FAX 0538-35-1735
http://www.anmin.com/kaya-life/

▼静香農園　小西宣幸

麻の実入り川根茶（玄米茶）と水だし茶をつくっている
静岡県榛原郡中川根町藤川141-1
TEL&FAX 0547-57-2537
jyamu@lilac.ocn.ne.jp

▼うさとジャパン

タイの手織りと草木染めを中心としたオーガニックコットンとヘンプ衣類のブランド
京都府京都市中京区衣棚通三条上ル突抜町126
TEL 075-213-4517　FAX 075-213-4518
http://www.usaato.com

▼ステイゴールドカンパニー

ヘンプブランド"A HOPE HEMP"製品の卸販売
大阪府大阪市天王寺区清水谷町12-22
TEL 06-6761-8311　FAX 06-6761-8312
staygold@iris.ocn.ne.jp

▼ハレ・ハレ本舗

ヘンプなど草木で漉く「まるみ和紙」の制作・販売
高知県幡多郡大方町口湊川1349
TEL&FAX 0880-43-0065
hare-hare@s3.dion.ne.jp

▼宇野タオル株式会社

ヘンプタオルの製造
愛媛県今治市上徳乙54-6
TEL 0898-48-2186　FAX 0898-47-3206
http://www.hadou.com/
uno@hadou.com

▼株式会社八十八や

60年ぶりに麻栽培復活し、限界集落を元気にする事業を展開

▼東京川端商事
ヘンプアクセサリーに使う紐はこちらで販売
東京都墨田区緑2-11-12
TEL 03-3634-0366　FAX 03-3634-3933
http://www.marchen-art.co.jp/
▼麻福
ヘンプの糸、生地、麻福ブランドの通信販売
http://asafuku.jp/
▼エルデ・フェアバント
ヘンプ断熱材、ヘンプフリースの日本代理店
東京都新宿区西落合3-20-9
TEL 03-3952-2414　FAX 03-3952-2436
http://www.erde-vbd.com/
▼健康畳植田
昔ながらのイ草と麻を使った畳製造者。柔道畳の復元プロジェクトも展開中
神奈川県横浜市瀬谷区相沢7-8-8
TEL 045-301-1815　FAX 045-304-3226
http://ansin-t.jp/
▼富士河口湖農園
ヘンプ衣料と雑貨の製造販売
山梨県南都留郡富士河口湖町河口1927
TEL&FAX 050-8007-1146
http://fuji-k-farm.holy.jp/
▼アイコン・ユーロパブ株式会社
ドイツ産有機ヘンプビールのカンナビア輸入元
東京都新宿区大京町14-5
TEL 03-5369-3601
http://www.ikon-europubs.com/
▼プラネッタ・オーガニカ
タイに拠点をもってヘンプの手紡ぎ・草木染めの布の寝具や日用品を製造・販売
http://www.planeta-organica.com/index.html
info@planeta-organica.com
▼神洲八味屋
国産の麻の実入り七味唐辛子を製造・販売
長野県諏訪市中洲5464
TEL&FAX 0266-58-6337
▼忠兵衛

http://www.sanuki-imbe.com/
▼シャイニングアース
沖縄県宮古島発のコズミックヘンプ麻炭の通販サイト
http://life-with-hemp.com/

●メーカー

▼ヒマラヤンマテリアル
ネパールのつくり手と協力してバッグ、小物、糸、布、紙を製作
埼玉県狭山市南入曽349-8
TEL&FAX 04-2959-7384
http://www.hemp-revo.net/nepal/himarayan.htm
▼ニューエイジトレーディング
麻の実の食材及び加工品の製造販売及び卸販売
東京都世田谷区北沢3-5-9
TEL 03-5738-1423　FAX 03-5738-1428
http://www.hempkitchen.jp（ヘンプキッチン）
▼ザ・ボディショップ（イオンフォレスト）
ヘンプの化粧品シリーズの先駆け
東京都千代田区紀尾井町3番6号　紀尾井町パークビル4F
TEL 03-5215-6120（代表）
http://www.the-body-shop.co.jp/
▼シャンブル
ヘンプ・アロマ化粧品の企画、開発、販売、輸出入、OEM製造
東京都世田谷区北沢3-5-9　フジテレビビル4F
TEL 03-5465-2987　FAX 03-5465-2988
http://www.chanvre.jp
▼縄文エネルギー研究所
ヒーリングヘンプ商品の販売
東京都大島町波浮港17
TEL 04992-4-1136
http://www.yaei-sakura.net/（弥栄〈イヤサカ〉の会）
▼リネーチャー
オーガニックスタイルのヘンプ衣料ブランド
東京都渋谷区渋谷2-19-15-611
TEL 03-5766-1576　FAX 03-3797-4758
http://renature.jp

▼カフェスロー大阪
ジュース工場跡地にできたコミュニティカフェ＆フリースペース
大阪市淀川区十三元今里2-5-17
TEL&FAX 06-7503-7392
http://slowspace.blog.shinobi.jp/

その他

▼ブルーアップル
ヘンプ素材と雑貨の通信販売
http://www.blueapples.jp/
▼麻美カフェ
ヘンプいやしやの実店舗＆ベジタリアン・カフェ
山梨県甲府市中小河原1-12-27
TEL 055-241-5518
http://hemp-de-kirei.com/
▼矢的庵
手打ちそばと自然食のお店
奈良県吉野郡吉野町吉野山3396
TEL 0746-32-8167
http://www.at-ml.jp/10152343/
▼パヤカ
数多くのヘンプ・ブランド衣料が揃う雑貨店＆ヴィーガン対応カフェ
静岡県浜松市中区鴨江4-19-12
TEL 053-451-6906
http://www.payaka.com/
▼ビバーク
ヘンプ専門の衣料・食品・雑貨店
岡山県岡山市北区京橋町10-13
TEL 086-225-1622
http://hempbivouac.thebase.in/
▼かろり
麻漫画家アンギャマンが経営する森のエネルギーと麻カフェ
鳥取県八頭郡智頭町福原294
TEL 0858-71-0655
▼さぬきいんべ
愛媛県発の通信販売店、おお麻・ヘンプ専門店

■神奈川県

▼ナチュラル＆ハーモニック「プランツ」
衣食住のトータルな生活提案のショッピングモール。毎年8月にヘンプフェアを実施
神奈川県横浜市都筑区中川中央1-25　ノースポート・モールB2F
TEL 045-914-7505　FAX 045-914-7506
http://www.nh-plants.com/

▼バグース
四万十川特産川海苔と麻の実料理各種のあるレゲエ・バー
神奈川県川崎市高津区二子5-6-8　1F
TEL 044-811-4264

▼麻心
鎌倉の海が一望できるカフェ・バー。麻の実入りカレーがおいしい
神奈川県鎌倉市長谷2-8-11
TEL&FAX 0467-25-1414

▼南葉山コミュニティサロン Shakti
各種ワークショップや麻炭、ヘンプ製品、ドテラ製品の販売
神奈川県横須賀市秋谷5290-1　南葉亭1F
http://salon-shakti.jimdo.com/

▼へっころ谷
天然創作料理と手打ちほうとう。麻炭・麻の実メニューあり
神奈川県藤沢市亀井野3-30-1
TEL 0466-82-1702
http://hekkoro.com/

■滋賀県

▼麻々の店　mama no mise
近江上布伝統産業会館にある麻専門店
滋賀県愛知郡愛荘町愛知川13-7
TEL 0749-42-3246
http://www.asamama.com/

■大阪府

▼タメル
大阪で有名なヘンプ衣類・食材・化粧品とレゲエ雑貨の店
大阪府大阪市中央区西心斎橋2-11-8
TEL&FAX 06-6211-2688

●雑貨店・レストランなど

■北海道

▼まぼろば
北海道で30年以上続く老舗の自然食品店
北海道札幌市西区西野5条3-1-1
TEL 011-665-6624
http://www.maboroba-jp.net/

▼ツムギテ
麻製品、ヘンナ、地球にやさしい雑貨・食品のショップ
北海道旭川市緑が丘3条3丁目1-11　3丁目プラザ1F
TEL 0166-74-3311
http://tsumugite.net/

■東京都

▼麻よしやす
スイングチェアとヘンプカフェ
東京都武蔵野市吉祥寺本町2-7-13　レディーバードビル3F
TEL 0422-27-2841
http://r.goope.jp/asa44/

▼ぐらするーつ
笑顔の貿易＝フェアトレードのお店　フェアトレードのヘンプ雑貨がある
東京都渋谷区宇田川町4-10　ゴールデンビル1F
TEL&FAX 03-5458-1746
http://grassroots.jp/

▼GOWEST
ヘンプ素材を使用した「GOHEMP」の直営店
東京都渋谷区恵比寿西1-16-3　吉房ビル1F
TEL&FAX 03-3770-2419
http://www.gowest.jp/

▼フラワーエッセンスサロン&スクール Angeli（アンジェリ）
麻糸づくり後継者養成講座を定期的に開催
東京都世田谷区奥沢2-37-9　高見ビル3F
TEL&FAX 03-6421-3822
http://www.salon-angeli.com/

ヘンプのメーカー、ショップ、団体リスト

●ヘンプの衣服と雑貨

▼エコリューション　http://ecolution.com/
アメリカ・バーモンド州に拠点を置く1992年生まれのスタンダードなヘンプ・ブランド
▼テラパックス　http://www.terrapax.com/
1993年カルフォルニア発、ラテン語の地球“TERRA”、英語の平和“PAX”を合わせたネーミングのブランド
▼オブ・ジ・アース　http://www.oftheearth.com/
100%オーガニックコットン&ヘンプにこだわるカナダ・バンクーバー発のブランド
▼マナスタッシュ　http://www.manastash.com/
1993年シアトル生まれ。地球や人間にピースフルなヘンプを使ったアウトドアブランド
▼アホープヘンプ　http://www.staygoldcompany.com/
1999年大阪発の職人のこだわりが感じられる丈夫でスタンダードなヘンプウェア
▼ゴーヘンプ　http://www.gowest.jp/
1994年東京発のデニムで有名な“Go West”が手がけたヘンプウェア
▼リネーチャー　http://www.renature.jp/
ヘンプ素材にこだわったアンダーグラウンドなアートやカルチャー・ブランド
▼チューインバッコ　http://chewinbacco.com/
1998年大阪生まれの旅をテーマにデザインされたレディースヘンプウェア
▼オロミナオリジナル　http://www.oromina.com/
2000年東京発のヘンプにこだわったオリジナルウェアとグッズ
▼ルナティカナパ　http://lunaticanapa.jp/
レディースの1点ものオリジナルウェア
▼ヒマラヤン・マテリアル　http://hemp-revo.net/nepal/himarayan.html
1994年日本発の100%ハンドメイドのワイルド・ヘンプ。商品はネパール製
▼tomoi　http://t-omoi.blogspot.jp/
女性向けのヘンプの下着と布ナプキン
▼Terras Hemp　http://www.terrashemp.com/
女性向けのヘンプ・自然素材ウエア

【著者紹介】

赤星栄志（あかほし・よしゆき）

1974年、滋賀県生まれ。日本大学農獣医学部卒業。同大学院より博士（環境科学）取得。

現在、日本大学生物資源科学部研究員、（社）日米アジア研究所理事、NPO法人バイオマス産業社会ネットワーク理事。学生時代から環境・農業・NGOをキーワードに活動を始め、農業法人スタッフ、システムエンジニアを経て、バイオマス（生物資源）の研究開発事業に従事。

主な著書
『ヘンプがわかる55の質問』（日本麻協会、2000年）、『ヘンプ読本』（築地書館、2006年）、共著書に『体にやさしい麻の実料理』（創森社、2004年）、『ヘンプオイルのある暮らし』（新泉社、2005年）、『大麻草解体新書』（明窓出版、2011年）など。

連絡先　hemp5500@gmail.com

ヘンプ読本
麻でエコ生活のススメ

2006年8月 1日 初版発行
2015年8月 1日 5刷発行

著者 赤星栄志
発行者 土井二郎
発行所 築地書館株式会社
〒104-0045
東京都中央区築地7-4-4-201
☎03-3542-3731 FAX03-3541-5799
http://www.tsukiji-shokan.co.jp/
振替00110-5-19057
組版 ジャヌア3
印刷製本 株式会社シナノ
装丁 山本京子

 ISBN 978-4-8067-1337-1 C0077

くわしい内容はホームページで。URL=http://www.tsukiji-shokan.co.jp/

●築地書館の本

マリファナの科学

アイヴァーセン［著］伊藤肇［訳］◎2刷　三〇〇〇円＋税

感情的に語られてきたマリファナを科学的に徹底分析。マリファナの歴史から薬理学まで。翻訳されていない、数々の学者や政府の報告書、欧米での医療大麻の最前線をレポート。大麻のメリット、デメリットと、どのように付き合うのかオックスフォード大学教授が論じた書。

雑草と楽しむ庭づくり
オーガニック・ガーデン・ハンドブック

ひきちガーデンサービス［著］◎11刷　二二〇〇円＋税

雑草との上手なつきあい方教えます！　個人庭専門の植木屋さんが教える、雑草を生やさない方法、庭での生かし方、草取りの方法、便利な道具……。庭でよく見る雑草86種を豊富なカラー写真で紹介。

マリファナはなぜ非合法なのか？

フォックス＋アーメンターノ＋トヴェルト［著］
三木直子［訳］二二〇〇円＋税

マリファナと酒を様々なデータで徹底比較。マリファナ使用の歴史、禁止の社会的背景、大衆文化での描かれ方を解説しながら、酒や煙草と同様、政府が統制する一般の嗜好品にするというマリファナ合法化の方法を提示。

大麻草と文明

ジャック・ヘラー［著］Ｊ・エリック・イングリング［訳］
二七〇〇円＋税

建築資材、バイオマスエネルギー、製紙原料、衣料品、医薬品――、栽培作物として華々しい経歴と能力をもった植物が、なぜ表舞台から姿を消したのか。大麻草について正しい知識を得るために必読の一冊。

◎総合図書目録進呈。ご請求は左記宛先まで。
〒一〇四―〇〇四五　東京都中央区築地七―四―四―二〇一　築地書館営業部
《価格（税別）・刷数は、二〇一五年七月現在のものです。》